Schriftenreihe Keramische Werkstoffe
Lehrstuhl Keramische Werkstoffe

Herausgeber Prof. Dr.- Ing. Walter Krenkel

Band 4

Entwicklung von Gradientenschichten auf Übergangsmetallen durch reaktive Precursorbeschichtung

Von der Fakultät für Angewandte Naturwissenschaften
der Universität Bayreuth
zur Erlangung der Würde eines
Doktor-Ingenieurs (Dr.-Ing.)
genehmigte Dissertation

vorgelegt von
M. Sc. Christian Delpero
aus
Regensburg

Erstgutachter:	Prof. Dr.-Ing. Walter Krenkel
Zweitgutachter:	Prof. Dr.-Ing. Uwe Glatzel
Tag der mündlichen Prüfung:	7. November 2012

Lehrstuhl Keramische Werkstoffe
Universität Bayreuth
2013

Bibliografische Information der Deutschen Nationalbibliothek
Die Deutsche Nationalbibliothek verzeichnet diese Publikation in der Deutschen Nationalbibliografie; detaillierte bibliografische Daten sind im Internet über http://dnb.d-nb.de abrufbar.
1. Aufl. - Göttingen : Cuvillier, 2013
Zugl.: Bayreuth, Univ., Diss., 2013

978-3-95404-330-9

Nonnenstieg 8, 37075 Göttingen
Telefon: 0551-54724-0
Telefax: 0551-54724-21
www.cuvillier.de

1. Auflage, 2013
Gedruckt auf säurefreiem Papier

978-3-95404-330-9

Inhaltsverzeichnis

Abkürzungsverzeichnis

Abb.	Abbildung
ABSE	Ammonolyseprodukt des Bis-Dichlormethylsilylethans
AFCOP	Active Filler Controlled Pyrolysis
Al	Aluminium
AlN	Aluminiumnitrid
Al_2O_3	Aluminiumoxid
Ar	Argon
At.-%	Atomprozent
bcc	Kubisch raumzentriert
BN	Bornitrid
C	Kohlenstoff
$CrSi_2$	Chromdisilicid
CVD	Chemical Vapor Deposition
EDX	Energiedispersive Röntgenspektroskopie
fcc	Kubisch flächenzentriert
FGM	Functionally Graded Material
FIB	Focused Ion Beam
FTIR	Fouriertransformierte Infrarotspektroskopie
GDOES	Glimmentladungsspektroskopie
Gew.-%	Gewichtsprozent
Gl.	Gleichung
GT	Gitterschnitt-Kennwert
hcp	Hexagonal dichtest gepackt
Hf	Hafnium
HfC	Hafniumcarbid
HfN	Hafniumnitrid
HfO_2	Hafniumoxid
HM	Härtewert nach Martens
HPS	Hydridopolysilazan
K	Kelvin
Kap.	Kapitel
MgO	Magnesiumoxid
Mo	Molybdän

Mo_2C	Molybdäncarbid
MoN	Molybdännitrid
MoO_3	Molybdänoxid
MoS_2	Molybdändisulfid
$MoSi_2$	Molybdändisilicid
N	Stickstoff (elementar)
N_2	Molekularer Stickstoff
Nb	Niob
NbC	Niobcarbid
NbO	Nioboxid
NH_3	Ammoniak
NbN	Niobnitrid
PMMA	Polymethylmethacrylat
PVD	Physical Vapor Deposition
REM	Rasterelektronenmikroskopie
Si	Silizium
SiC	Siliziumcarbid
SiCN	Siliziumcarbonitrid
Si_3N_4	Siliziumnitrid
SiO_2	Siliziumoxid
SiOC	Siliziumoxycarbid
STEM	Rastertransmissionselektronenmikroskopie
Tab.	Tabelle
TaN	Tantalnitrid
TEM	Transmissionselektronenmikroskopie
TG	Thermogravimetrie
Ti	Titan
TiCN	Titancarbontrid
TiN	Titannitrid
$TiSi_2$	Titandisilicid
u	atomare Masseneinheit
W	Wolfram
XRD	Röntgendiffraktometrie
Y_2O_3	Yttriumoxid
Zr	Zirconium
ZrN	Zirconiumnitrid

Formelzeichen

C_0	Anfangskonzentration in cm^{-3}
$C_{\alpha\beta}$	Konzentration an Übergang zwischen Phase α und Phase β auf Seite von α in At.-%
$C(z,t)$	Konzentration eines Elements in Abhängigkeit von Zeit und Ort in cm^{-3}
C_M	Aufgenommene Teilchenmenge in
C_{OF}	Oberflächenkonzentration in cm^{-3}
d	Netzebenenabstand in nm
D	Diffusionskoeffizient in m^2/s
D_0	Diffusionskonstante in m^2/s
erf	Gaußsche Fehlerfunktion
erfc	Komplementärfunktion der Gaußschen Fehlerfunktion
F	Kraft in N
g	Erdbeschleunigung in m/s^2
h	Stunde
J	Diffusionsstrom in $m^{-1} \cdot s^{-1}$
k	Boltzmann-Konstante in eV/K
h_0	Resultierende Schichtdicke nach Tauchbeschichtung in µm
M_{mol}	Molare Masse in kg/mol
Q	Aktivierungsenergie in eV
R_A	Arithmetischer Mittenrauhwert in µm
R_Z	Gemittelte Rauhtiefe in µm
T	Temperatur in K
t	Zeit in s
U	Ziehgeschwindigkeit bei Tauchbeschichtung in m/s
V_0	Volumen im Ausgangszustand in m^3
V_{mol}	Molares Volumen in m^3/mol
ΔV	Volumenänderung in %
z	Variable des Ortes in m
ε_α	Phasenbreite von Phase α in µm
γ_α	Proportionalitätsfaktor zur Bestimmung der Bewegung der Grenze von Phase α
λ	Wellenlänge in µm
μ	Dynamische Viskosität in Pa·s

π	Kreiszahl π
θ	Einfallswinkel bei Röntgenbeugung in °
ρ	Dichte in kg/m^3
ζ	Integrationsvariable der Gaußschen Fehlerfunktion

1 Einleitung und Zielsetzung

Keramische Werkstoffe begleiten die Menschheit seit vielen Jahrtausenden. So hat die Vorratshaltung von Nahrung in gebrannten Tongefäßen dem Menschen erlaubt sesshaft zu werden. Später wäre die industrielle Revolution ohne feuerfeste keramische Materialien, welche die Erzeugung von Metall- und Glasschmelzen in großen Maßstäben erlaubt, undenkbar gewesen.
Heute findet man Hochleistungskeramiken in vielen Hightech-Anwendungen, für die eine hohe Härte und Verschleißbeständigkeit ebenso wichtig sind wie ein hoher Schmelzpunkt und chemische Stabilität. Die Anwendungsmöglichkeiten sind zahllos, auch wenn fast allen keramischen Materialien gewisse Nachteile, wie sprödes Bruchverhalten und die damit verbundenen Probleme bei der Verarbeitbarkeit sowie Schrumpfungsprozesse beim Brennen, gemein sind.
Metallische Werkstoffe hingegen können durch ihre Duktilität viel besser verformt und bearbeitet werden und weisen im Gegensatz zu Keramiken meist kein sprödes Bruchverhalten auf, da sie sich vor dem Bruch plastisch verformen. Als Nachteile sind ihre erhöhte Anfälligkeit für Korrosion, Oxidation und Verschleiß, insbesondere bei höheren Temperaturen, zu nennen. Metalle aus der Gruppe der Refraktärmetalle weisen zwar hohe Schmelzpunkte und hohe Härte auf, sind aber gegen Oxidation und Korrosion nur mäßig resistent. Besser eignen sich die Nitride und Carbide von Refraktärmetallen, welche im Allgemeinen noch bessere Hochtemperatureigenschaften aufweisen. Nachteile ergeben sich bei diesen Werkstoffen wegen ihrer hohen Härte bezüglich ihrer Verarbeitbarkeit sowie ihrer Herstellung, welche nur bei sehr hohen Temperaturen bzw. mit großem apparativem Aufwand erfolgen kann.
Zur Minimierung der individuellen Nachteile der einzelnen Materialien bietet sich daher ein Verbundwerkstoff aus beiden Materialklassen an, welcher keramische und metallische Eigenschaften miteinander kombiniert. Als Beispiel für einen Werkstoffverbund können keramische Schichten auf metallischen Substratmaterialien genannt werden, welche die Oberfläche der Metalle vor Oxidation, Korrosion und Abrieb schützen. Problematisch bei diesen Schichtsystemen sind allerdings die begrenzte Haftung von Keramiken auf Metallen sowie deren unterschiedliche thermische Ausdehnungskoeffizienten, was bei großen Temperaturschwankungen zur Rissbildung in der keramischen Schicht bzw. deren Ablösung führen kann. Daher gestaltet sich die Herstellung von Metall-Keramik Verbundwerkstoffen, welche über eine gute chemische Anbindung verfügen, als schwierig. Ein möglicher Weg, um eine gute

Haftung einer keramischen Beschichtung auf einem metallischen Substrat zu erzielen, ist die Erzeugung einer Gradientenschicht im Grenzflächenbereich. Eine Gradientenschicht ist durch eine schrittweise Änderung der chemischen Zusammensetzung definiert. Dadurch wird eine direkte Grenzfläche zwischen zwei chemisch stark unterschiedlichen Materialien vermieden.
Der Ansatz, eine keramische Schicht auf ein Metall aufzubringen, wobei der Übergang von Metall zu Keramik schrittweise über mehrere Zwischenphasen verläuft, wird bereits seit den 80er Jahren erforscht und hat sich unter dem Namen „Functionally Graded Materials“ (FGMs) etabliert. Einer der Gründe für die Entwicklung derartiger FGMs lag in der hervorragenden chemischen Verbindung von Metall und Keramik, welche durch die gradierte Schicht erzielt wird [MIY99].

Zielsetzung

Das Ziel dieser Arbeit ist die Entwicklung von Gradientenschichten auf Übergangsmetallen mit Hilfe reaktiver Precursorbeschichtung. Die Herstellung von keramischen Schichten aus polymeren Precursoren ist bereits sehr gut untersucht und basiert auf der Umwandlung organischer Polymere in eine anorganische Keramik während eines Pyrolyseschrittes. Auf Basis dieser Arbeiten über Beschichtungen von Metallen mit Precursorkeramiken sollen Werkstoffe entwickelt werden, bei denen eine chemische Reaktion zwischen dem Precursor und dem metallischen Grundwerkstoff stattfindet. Die Reaktion der Precursorbestandteile mit dem Metall soll eine gradierte Verbindungsschicht zwischen der Keramik und dem Metall erzeugen. Vorteilhaft ist, dass diese Methode bei vergleichsweise niedrigen Temperaturen von unter 1000 °C angewendet werden kann und einfach realisierbar ist. Durch Auswahl geeigneter Refraktärmetalle soll ein Metall-Keramik Komposit hergestellt werden, welches zwischen Keramikschicht und Metallsubstrat eine Gradientenschicht aus refraktären Karbiden bzw. Nitriden aufweist.
In der vorliegenden Arbeit sollen nun grundlegende Untersuchungen stattfinden, auf welche Weise Refraktärmetalle mit einem präkeramischen Polymer reagieren und eine Gradientenschicht ausbilden. Die Bildung der Gradientenschicht wird dabei in Abhängigkeit der verschiedenen Prozessparameter analysiert, um die während der Pyrolyse ablaufenden Reaktionsprozesse erklären zu können. Zur Betrachtung der Diffusionsprozesse während der Auslagerung ist es sinnvoll, sich auf zweidimensionale Schichtsysteme zu beschränken, da diese am leichtesten und exaktesten charakterisiert werden können. Dazu werden auf Substraten ausgewählter

Übergangsmetalle Precursorschichten aufgebracht und ausgelagert. Die Auswahl der Metalle erfolgt nach Kriterien, die sie für Hochtemperaturanwendungen geeignet machen. Die zu verwendenden Metalle sollen aus der Gruppe der Refraktärmetalle ausgesucht werden und zusätzlich eine Affinität zur Bildung von Carbiden und Nitriden besitzen, welche wiederum selbst refraktäre Eigenschaften aufweisen. Anschließend sollen die Reaktionen der Precursorelemente mit den so ermittelten Substraten untersucht werden, um die Abhängigkeit der Diffusionsprozesse von den verschiedenen Parametern zu klären. Mit Hilfe von theoretischen Diffusionsmodellen sollen zusätzlich die Grundlagen geschaffen werden, um Vorhersagen für weiterführende Untersuchungen treffen zu können und eine Übertragbarkeit der Ergebnisse auf andere Materialsysteme zu gestatten. Abschließend werden noch generelle Eigenschaften der hergestellten Schichten, wie Haftung, Oxidationsbeständigkeit und Härte getestet, um die Verbesserung der Eigenschaften des Verbundwerkstoffes gegenüber den unbehandelten Metallen zu untersuchen.

2 Theoretische Grundlagen und Stand der Technik

2.1 Eigenschaften der verwendeten Übergangsmetalle

Der Name Übergangsmetalle leitet sich aus der Position der Elemente im Periodensystem ab. Nach der Definition der IUPAC sind Übergangsmetalle Elemente, die eine unvollständige d-Schale besitzen oder Ionen mit einer unvollständigen d-Schale ausbilden. Eine spezielle Gruppe innerhalb der Übergangsmetalle stellen die Refraktärmetalle dar. Als Refraktärmetalle bezeichnet man diejenigen Metalle aus der Gruppe der Übergangsmetalle, welche einen hohen Schmelzpunkt und eine hohe Härte aufweisen. Streng genommen fallen nur Niob, Molybdän, Tantal, Wolfram und Rhenium unter diese Kategorie, allerdings werden oft auch andere Metalle aus benachbarten Gruppen und Perioden wie Titan, Hafnium oder Zirconium unter dieser Bezeichnung mit einbezogen. Aufgrund ihrer Neigung zur Passivierung durch Bildung einer dünnen Oxidschicht sind sie alle bei Raumtemperatur beständig gegen Korrosion in den meisten Medien und werden nur durch bestimmte Säuren oder Basen angegriffen. Für technische Hochtemperaturanwendungen eignen sie sich zusätzlich aufgrund ihrer geringen Wärmeausdehnungskoeffizienten, was sie zu sehr interessanten Kandidaten für mögliche Metall-Keramik Verbundwerkstoffe macht. Nachteilig ist, dass schon geringe Anteile an Verunreinigungen zu einer Versprödung der im hochreinen Zustand duktilen Metalle führen können. Die Karbide und Nitride der Refraktärmetalle weisen im Üblichen ebenso refraktäre Eigenschaften auf. In vielen Fällen übertreffen sie die reinen Metalle sogar in Bezug auf ihre Härte und Schmelzpunkte. Aufgrund ihrer physikalischen Eigenschaften ist ihre Synthese jedoch sehr aufwändig, da sie mit extrem hohen Temperaturen oder komplexen Synthesemethoden wie beispielsweise Plasmaspritzen verbunden sind. Andere Nachteile liegen in ihrer Sprödigkeit und der damit verbundenen schlechten Verarbeitbarkeit.

Im Folgenden sollen die Eigenschaften der Metalle, welche aufgrund ihrer potentiellen Eignung für den Einsatz als Substratmaterial für die Herstellung von Gradientenschichten ausgewählt wurden, sowie die Eigenschaften ihrer Carbide und Nitride vorgestellt werden. Wichtigstes Auswahlkriterium war die Affinität zur Reaktion mit Kohlenstoff oder Stickstoff zur Bildung von Carbiden bzw. Nitriden. Des Weiteren sollten die gebildeten Carbide und Nitride ebenso wie die Ausgangsmetalle hohe Schmelzpunkte und hohe Härte aufweisen. Aufgrund dieser Anforderungen wurden die Übergangsmetalle Hafnium, Niob und Molybdän ausgesucht. Alle drei Elemente haben sehr hohe Schmelzpunkte, reagieren mit Kohlenstoff oder Stickstoff und auch ihre Carbide und Nitride weisen refraktäre Eigenschaften auf (vgl. Tab. 2.1). Aus den Bildungsenthalpien kann auf die Affinität der Elemente zur Reaktion mit Kohlenstoff und Stickstoff geschlossen werden (vgl. Tab. 2.2).

Tab. 2.1: Schmelzpunkte und Vickershärten bei Raumtemperatur der ausgewählten Übergangsmetalle und ihrer wichtigsten Carbide und Nitride [PIE96]

	Hf	Nb	Mo	HfN	NbN	MoN	HfC	NbC	Mo_2C
T_m [°C]	2230	2468	2620	3387	2400	1750	3928	3600	2520
H_V [GPa]	1,76	1,32	1,53	16,3	13,3	13,7	26,1	19,6	15,5

Tab. 2.2: Standardbildungsenthalpien der oben aufgeführten Carbide und Nitride der jeweiligen Elemente [PIE96]

	HfN	NbN	MoN	HfC	NbC	Mo_2C
ΔH_f^0 [kJ/mol]	-369,4	-326,0	-70,0	-209,6	-140,6	-46,0

2.1.1 Hafnium und Hafniumverbindungen

Hafnium ist ein Übergangsmetall der 4. Nebengruppe des Periodensystems mit der Ordnungszahl 72, einer relativen Atommasse von 178,49 u und einer Dichte von 13,28 g/cm³ [LID04]. Es besitzt den höchsten Schmelzpunkt von den Elementen der Titan-Gruppe mit 2233 °C [LID04]. Reines Hafnium kommt in zwei Phasen vor: α-Hf hat eine hexagonal-dichteste Kugelpackung und geht oberhalb von 1775 °C in eine kubisch-raumzentrierte Struktur, als β-Hf bezeichnet, über [HOL06]. Die Kristallstruktur hat einen erheblichen Einfluss auf die Diffusionseigenschaften des Metalls. Die hcp α-Phase hat einen um vier Größenordnungen größeren Diffusionskoeffizienten für Selbstdiffusion mit $7{,}3 \cdot 10^{-3}$ m²/s [DYM68] im Vergleich zu $4{,}8 \cdot 10^{-7}$ m²/s für die bcc β-Phase [DER67].

Hafnium ist ein unedles Metall und bildet bei Normalbedingungen eine passivierende Hafniumdioxidschicht aus. Die Oxidschicht schützt das Metall vor weiterer Oxidation und macht es beständig gegen die meisten Säuren bei Raumtemperatur. Lediglich Flusssäure, Königswasser und konzentrierte Schwefelsäure können Hafnium angreifen [HOL05]. Hafnium-Pulver ist pyrophor und entzündet sich leicht an Luft. Abgesehen

von der deutlich höheren Dichte ist Hafnium seinem Homologen Zirconium in Bezug auf die physikalischen Eigenschaften sehr ähnlich. Da Hafnium in der Natur nicht in reiner Form vorkommt, sondern nur als Bestandteil von Zirconium-Mineralien war Hafnium eines der letzten stabilen Elemente, das entdeckt wurde. Ein signifikanter Unterschied von Hafnium zu Zirconium ist der um einen Faktor 600 größere Einfangquerschnitt für Neutronen, wodurch Hafnium Bedeutung als Steuerstab im Einsatz in Kernkraftwerken gewonnen hat [JAK04].
Aufgrund der Ähnlichkeit von Hafnium und Zirconium ist eine Trennung der beiden Materialien verhältnismäßig aufwändig, weswegen kommerziell erhältliches Hafnium für gewöhnlich einen Zr-Anteil von 0,2 Gew.-% bis 4,5 Gew.-% aufweist. Mit dem van-Arkel-de-Boer-Prozess kann über 99,99 % reines Hafnium gewonnen werden. Aufgrund der hohen Kosten wird jedoch meist auf den deutlich billigeren Kroll-Prozess zurückgegriffen, mit dem jedoch nicht so hohe Reinheiten erreicht werden können. Die jährlich produzierte Menge von 100 Tonnen Hafnium kann dabei komplett als Nebenprodukt der Gewinnung von Hafnium-freiem Zirconium erzeugt werden.

Das System Hafnium-Kohlenstoff

Hafnium bildet zusammen mit Kohlenstoff die interstitielle Carbidphase HfC. Der Kohlenstoff füllt die Oktaeder-Lücken innerhalb des dichtest-gepackten Hafnium-Kristalls aus. Im Gegensatz zu reinem Hf tritt HfC_{1-x} in der fcc Kugelpackung auf. Die Oktaederlücken in der fcc (und hcp) Struktur weisen Platz für Atome von bis zu einer Größe von 59 % des Wirtsgitters auf. Mit einem Verhältnis von 0,486 ist das Kohlenstoffatom ausreichend klein um interstitiell in einem Hf Gitter eingelagert zu werden. Dennoch erhöhen sich die Abstände der Hf Atome zueinander um ca. 3,76 % in HfC im Vergleich zu Hf. Dies bedeutet, dass es sich bei HfC nicht um eine reinrassige interstitielle Verbindung handelt, da das Wirtsgitter verändert wird. Im Gegensatz zur Gitterkonstante nimmt die Dichte bei der Bildung des Carbids auf ca. 12,67 g/cm³ ab [PIE06]. Wichtig zu erwähnen ist noch die Tatsache, dass sich die Gitterkonstante innerhalb der HfC_{1-x} Phase *nicht* in Abhängigkeit des Kohlenstoff-gehalts verändert, wie es allgemein für Übergangsmetallcarbide der Gruppe IV gilt [ROW71]. Mit wachsendem x nimmt die Gitterkonstante also nicht ab, weswegen beispielsweise mit kristallographischen Methoden nicht die exakte Zusammensetzung der HfC_{1-x} Phase bestimmt werden kann, obwohl sie ein sehr breites Zustandsgebiet besitzt. Aus dem Phasendiagramm ist des Weiteren noch ersichtlich, dass die

Löslichkeit von C in β-Hf sehr begrenzt ist, was auf die fehlenden Oktaederlücken im bcc-Gitter zurückzuführen ist. Abb. 2.1 zeigt das Phasendiagramm des Systems Hafnium-Kohlenstoff.

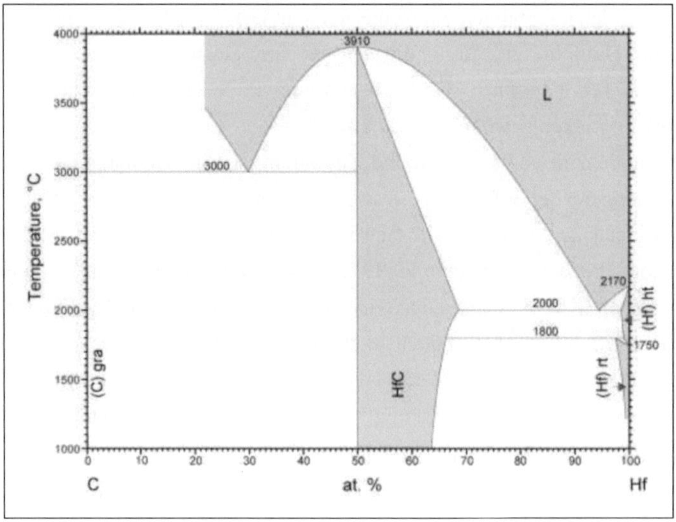

Abb. 2.1: Phasendiagramm Hafnium-Kohlenstoff nach [BEN60]

HfC ist im Gegensatz zu reinem Hf spröde und schlecht plastisch verformbar, was auf eine Reduzierung der Gleitebenen durch die Besetzung der Oktaederlücken zurückzuführen ist. HfC hat eine deutlich erhöhte Bindungsstärke und Schmelztemperatur, was durch die Veränderung der Bindungszustände zu erklären ist. Auch wenn die verschiedenen Wechselwirkungen zwischen den C- und Hf-Atomen noch nicht restlos geklärt sind, lassen sich doch einige Feststellungen treffen. Zum einen ist der Abstand zwischen den Oktaederlücken so groß, dass eine Wechselwirkung zwischen den Kohlenstoffatomen ausgeschlossen werden kann. Die übrigen Wechselwirkungen sind eine Mischung aus ionischen Bindungen durch Elektronentransfer zwischen C und Hf, metallischen Bindungen und kovalenten Bindungen zwischen den d-Orbitalen der Hf-Atome und den p-Orbitalen der C-Atome [FER92, SCH84]. Aus der extremen Erhöhung des Schmelzpunktes von 2230 °C (reines Hafnium) auf 3930 °C (HfC) [SAR65] kann auf eine sehr starke Hf-C Wechselwirkung geschlossen werden [PIE93]. Aus den geometrischen Verhältnissen im Kristallgitter können Rückschlüsse auf die relativen Anteile der Bindungsverhältnisse gezogen werden [KIS84]. Vergleicht man die Summe der kovalenten Radien bzw. der ionischen Radien mit den

tatsächlichen Abständen im HfC-Kristall, stellt man fest, dass der Abstand der Hf- und C-Atome auf eine primär kovalente Bindung mit nur sehr geringen ionischen Bindungsanteilen hinweist. Im HfC ist die Bindungslänge von Hf-C 0,2319 nm, während die Summe der kovalenten Radien 0,2432 nm beträgt, was nur eine Abweichung um 4,9 % bedeutet. Die Summe der ionischen Radien ist dagegen 0,1572 nm, was um 32,2 % geringer ist als der Abstand in HfC, was auf einen größeren kovalenten Anteil hinweist. Die Bindungszustände in Übergangsmetallcarbiden sind eine Mischung aus metallischen, kovalenten und ionischen Wechselwirkungen [SUN86]. Die unterschiedlichen Bindungsverhältnisse spiegeln sich auch in den physikalischen Eigenschaften von HfC wieder. Die metallischen Hf-Hf Bindungen liefern eine hohe elektrische und thermische Leitfähigkeit und sorgen für den typischen metallischen Glanz der Verbindung. Die kovalenten Bindungen sorgen für hohe Härte, hohe Bindungsenergie und hohen Schmelzpunkt, verringern aber auch die plastische Verformbarkeit. Der ionische Bindungsanteil zeigt sich durch Elektrodiffusion, das hohe Elektronenenergieniveau und die chemischen Eigenschaften eines ionischen Kristalls [EVA79].
Aufgrund der chemischen Beständigkeit ist HfC gegen die meisten Säuren stabil, auch bei erhöhten Temperaturen. Nur konzentrierte Salzsäure und eine Mischung aus Schwefelsäure und Phosphorsäure kann HfC bei Raumtemperatur angreifen. Bis 430 °C ist es gegen Oxidation stabil [SHI92] und oberhalb von 700 °C steigt die Oxidationsgeschwindigkeit, auf Grund von Rissbildung bedingt durch Ausgasen von CO_2 und die Kristallisation von HfO_2, stark an [SHI05b].

Das System Hafnium-Stickstoff

Für die Bildung interstitieller Nitride gilt Ähnliches wie für die interstitiellen Carbide. Das Größenverhältnis von N-Atom zu Wirtsgitteratom darf 0,59 nicht übersteigen [EVA79]. Da Stickstoff kleiner als Kohlenstoff ist, ist Nitridbildung für alle Elemente möglich, die interstitielle Carbide bilden können. Auch sonst zeigen sich viele Gemeinsamkeiten zwischen den beiden Verbindungen. In den Nitriden herrschen ebenfalls komplexe Bindungsverhältnisse vor, eine Mischung aus metallischen, kovalenten und ionischen Bindungen. Sie besitzen eine hohe Härte und einen hohen Schmelzpunkt, wenn auch nicht so hoch wie die Carbide und weisen metallische Eigenschaften in Bezug auf die elektrische und thermische Leitfähigkeit auf [PIE96]. Wie die Carbide sind die Nitridphasen meist nicht-stöchiometrisch und weisen Leerstellen im N-Untergitter auf. Allerdings erlauben Nitride in größerem Maße als die Carbide Leerstellen im Metall, welche auch durch N-Atome besetzt werden können, wodurch MN_{1-x} Phasen mit $x < 0$ möglich sind [GUS91]. Bekannte stabile Phasen im System Hf-N sind: η-Hf_3N_{2-x} (hexagonal), ζ-Hf_4N_{3-x} (rhombohedral) und δ-HfN_{1-x} (kubisch flächenzentriert) [LEN93, LEN96, KRO02]. Das Phasendiagramm ist in Abb. 2.2 zu sehen.

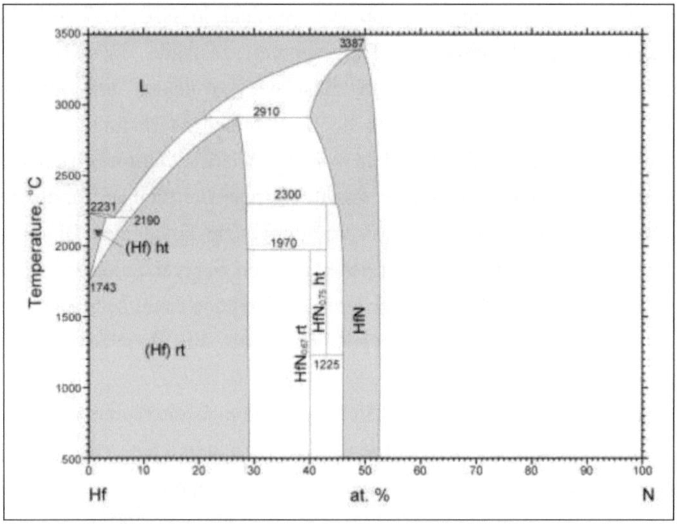

Abb. 2.2: Phasendiagramm Hafnium-Stickstoff nach [OKA90]

Der Dichtezuwachs durch die Einlagerung von N wird durch Aufweitung der Gitterparameter aufgewogen, so dass HfN nur eine um 3,5 % höhere Dichte aufweist als Hf [PIE96]. Was die sonstigen physikalischen Eigenschaften betrifft, weisen die Nitride weniger hohe Härte und Schmelzpunkte auf als die Carbide. HfN hat einen Schmelzpunkt von 3387 °C [PIE96] und liegt somit um mehr als 1000 °C über dem reinen Metall, aber deutlich unter HfC. Wie zu erwarten, ist auch die Bindungsenergie mit 15,98 eV geringer als die von HfC [KIS84]. Im Gegensatz dazu ist die Bildungsenthalpie von HfN mit 369,4 kJ/mol über 1,5 mal so hoch wie die von HfC mit 209,6 kJ/mol [PIE96], was vermuten lässt, dass die Bildung der Nitridphase gegenüber der Carbidphase bevorzugt wird. Der thermische Expansionskoeffizient von HfN ist $6{,}9 \cdot 10^{-6}\ K^{-1}$ bei Raumtemperatur und damit nur leicht höher als der von Hf mit $6{,}0 \cdot 10^{-6}\ K^{-1}$ und etwas höher als der von HfC mit $6{,}6 \cdot 10^{-6}\ K^{-1}$ [PIE96].

Wie auch die Carbide haben die Nitride einen Übergang von sprödem zu duktilem Bruchverhalten bei ca. 800 °C, neigen also bei hohen Temperaturen zu Verformungs-

statt Sprödbruch. Im Vergleich liegt die Vickers-Härte von HfN bei Raumtemperatur mit 16,3 GPa deutlich unter der von HfC mit 26,1 GPa [PIE96]. Aufgrund der sehr ähnlichen Eigenschaften weist das quasi-ternäre Phasendiagramm von HfC und HfN keine Mischbarkeitslücke auf [CON75]. Auch mit anderen Nitriden wie ZrN, NbN und TaN ist HfN vollständig mischbar [MAR00].

2.1.2 Molybdän und Molybdänverbindungen

Molybdän ist ein Übergangsmetall aus der 6. Nebengruppe mit der Ordnungszahl 42, einer relativen Atommasse von 95,94 u und einer Dichte von 10,28 g/cm³ [GRE90b]. Es besitzt den höchsten Schmelzpunkt von allen Elementen der 5. Periode mit 2623 °C [LID04]. Molybdän tritt in reiner Form ausschließlich in bcc-Kristallstruktur auf. Ebenso wie Hafnium bildet das unedle Metall Molybdän an Luft bei Raumtemperatur eine passivierende Oxidschicht aus, welche das Metall vor Laugen und nicht oxidierenden Säuren, selbst Flusssäure, schützt. Königswasser und oxidierende Säuren wie konzentrierte Schwefelsäure greifen Molybdän dagegen schnell an [CRA95].
Die technisch größte Bedeutung hat Molybdän als Zusatz in Stählen zur Härtung sowie als Schutz gegen Anlassversprödung [FRE59] und Lochfraßkorrosion [SUG77]. Reines Molybdän fand lange Zeit kaum Beachtung wegen seiner schwierigen Verarbeitbarkeit, da schon sehr geringe Verunreinigungen von Sauerstoff und Stickstoff zu einer starken Versprödung des sonst duktilen Metalls führen [DYC59]. In Verbindung mit Schwefel hat Molybdän (MoS_2) als Hochtemperaturschmierstoff Anwendung gefunden [MOU03]. Molybdänpulver sind auch fein verteilt nicht pyrophor jedoch leicht toxisch, wenn sie eingeatmet oder verschluckt werden [OPR93].

Das System Molybdän-Kohlenstoff

Anders als Hafnium hat Molybdän eine bcc-Struktur bei Raumtemperatur. Da eine bcc-Struktur keine ausreichend großen Lücken für die interstitielle Aufnahme der Kohlenstoffatome besitzt, muss zur Bildung von Molybdäncarbid eine Phasentransformation zu einer dicht gepackten Struktur erfolgen, in der es Oktaederlücken von ausreichender Größe gibt. Im Phasendiagramm von [VEL88] finden sich zwei mögliche Mo_2C Phasen mit unterschiedlichen Strukturen direkt nebeneinander. Dabei konnte längere Zeit nicht geklärt werden, welches die stabile Modifikation bei Raumtemperatur darstellt. Auch wenn die orthorombische Struktur der β'-Phase bereits früh beobachtet wurde [PAR63] und aufgrund von ab-initio-

Berechnungen als die stabile Phase bei Raumtemperatur galt [HAI01], haben spätere Messungen und theoretische Überlegungen gezeigt, dass auch die ungeordnete hexagonale β''-Phase bei Raumtemperatur existieren kann [TOM05, SHI09]. Oberhalb von 1440 °C geht die β'-Mo_2C Phase in die hexagonal dicht gepackte β-Phase über [RUD67]. Neben der bei Raumtemperatur existierenden γ-MoC Phase, welche sich oberhalb von 1220 °C zersetzt, ist noch die Hochtemperaturmodifikation η-MoC_{1-x} bekannt, die bis 1660 °C stabil ist [SHO07].
Die Dichte nimmt durch die Einlagerung des Kohlenstoffs von 10,22 g/cm³ (reines Mo) auf 9,17 g/cm³ (Mo_2C) ab [FRI60]. Der thermische Expansionskoeffizient von Molybdäncarbid ist mit $7{,}9 \cdot 10^{-6}\ K^{-1}$ deutlich größer als der des reinen Metalls von $5{,}0 \cdot 10^{-6}\ K^{-1}$ [PIE96]. Diese Tatsache ist für Hochtemperaturanwendungen unter Umständen problematisch, da ein großer Unterschied der Expansionskoeffizienten zu mechanischen Spannungen im Grenzbereich zwischen der Mo und der Mo_2C Phase führen kann.

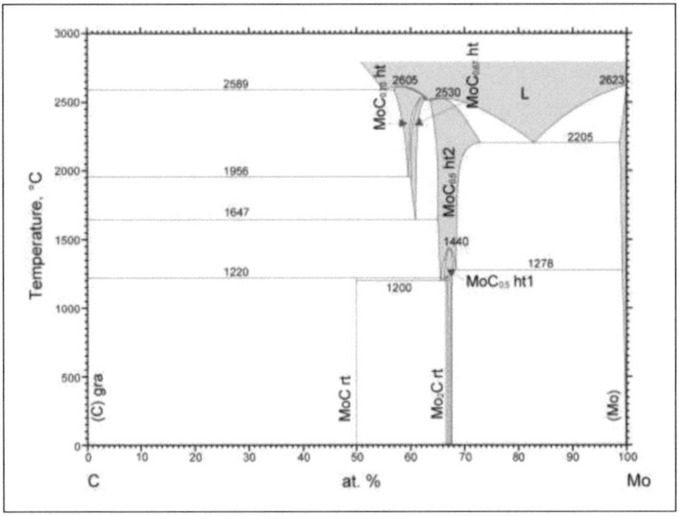

Abb. 2.3: Phasendiagramm Molybdän-Kohlenstoff nach [OKA90c]

Der Unterschied zwischen den Schmelzpunkten von Mo (2620 °C) [LID04] und Mo_2C (2527 °C) [VEL88] ist sehr klein, woraus sich schließen lässt, dass die Mo-C Bindung schwächer ist als die Mo-Mo Bindung, da es sonst zu einer Erhöhung der Schmelztemperatur kommen müsste [STO67]. Der Unterschied in den Elektronegativitäten zwischen Kohlenstoff und Molybdän ist mit 0,7 der kleinste für alle Carbide der Übergangsmetalle aus den Gruppen IV bis VI. Der ionische Charakter der Mo-C Bindung ist damit auch erwartungsgemäß in Mo_2C am geringsten ausgeprägt [HUG99]. Wie auch HfC ist Mo_2C ein elektrischer Leiter, wenn auch mit einem etwa eine Größenordnung höheren spezifischen Widerstand [STO72]. Die Vickers-Härte von Mo_2C liegt zwischen 15,5 und 24,5 GPa, das E-Modul zwischen 620 und 670 GPa [PIE96]. Der Grund für die großen Abweichungen bei den Härtemessungen liegt in der starken Abhängigkeit der mechanischen Messmethode von der Mikrostruktur der getesteten Proben sowie deren exakten Zusammensetzungen oder in ihnen enthaltenen Verunreinigungen [SUN86]. Bei Temperaturen oberhalb von etwa 800 °C geht die bei Raumtemperatur spröde Verbindung zu einem duktilen Bruchverhalten über [SAN96].

Das System Molybdän-Stickstoff

Im Gegensatz zu den Carbiden der Gruppe VI sind die Nitride dieser Gruppe nicht refraktär. Oberhalb von 1000 °C zerfällt MoN in Mo und N_2 [NAG98]. Auch ist seine chemische Beständigkeit sehr schlecht. Aus diesem Grund soll auf das Mo-N System nicht weiter eingegangen werden, da eine Bildung dieser Phasen aufgrund der niedrigen Dissoziationstemperatur für die angestrebten Versuche nicht erwünscht ist.

2.1.3 Niob und Niobverbindungen

Niob ist ein Übergangsmetall aus der 5. Nebengruppe mit der Ordnungszahl 41, einem relativen Atomgewicht von 92,9 u und einer Dichte von 8,57 g/cm³ [GRE90b]. Es besitzt einen Schmelzpunkt von 2477 °C und ist wie Hafnium in reinem Zustand duktil und gut verarbeitbar [LID04]. An Luft überzieht sich Niob mit einer bläulich schimmernden Oxidschicht, welche eine passivierende Wirkung hat und das Metall vor den meisten Säuren und Laugen schützt. Daher kann Niob nur in Flusssäure und konzentrierter Schwefelsäure gelöst werden [CRA95]. Heiße Alkalien besitzen ebenso die Fähigkeit die Oxidschicht des Niobs zu zersetzen und das Metall anzugreifen. Oberhalb von 150 °C beginnt Niob in Gegenwart von Sauerstoff bereits langsam zu oxidieren [HUR61] und im Bereich von 400 °C verändert sich das Oxidationsverhalten von einer parabolischen zu einer linearen Reaktionskinetik [BRI56], wodurch die passivierende Wirkung der Oxidschicht verloren geht. Die Oxidationsbeständigkeit des Niobs ist aus diesem Grund sehr schlecht.

Hauptsächlich wird Niob als Legierungszusatz für Stähle zur Erhöhung der mechanischen Festigkeit verwendet, wofür dem Stahl gewöhnlich 0,01 bis 0,5

Massenprozent Nb zugegeben werden [PAK56, CLA57]. Des Weiteren finden Ferroniob und Nickelniob in der metallurgischen Industrie Verwendung für die Herstellung von Superlegierungen [HEB01, HEI01]. Legierungen mit Niob werden beispielsweise für statische Teile in Gasturbinen, Raketenteilen und im Ofenbau eingesetzt [WEI77, WAD88, NAG88]. Aufgrund seiner relativ hohen Sprungtemperatur von 9,5 K wird Niob auch als Supraleiter eingesetzt, beispielsweise als Nb_3Sn in Supraleitermagneten [WIL83].

Das System Niob-Kohlenstoff

Niobcarbid hat aufgrund seiner extrem hohen Härte von 19,6 GPa Anwendung in Schneidwerkzeugen gefunden [RIC82]. Mit einem Schmelzpunkt von 3873 °C [SUS03] zeigt es auch bei hohen Temperaturen nur wenig Abrieb [OLI06]. Wie Molybdän kann das Kristallgitter des Niobs, welches eine bcc-Struktur aufweist, keine C-Atome interstitiell aufnehmen, da die Zwischengitterlücken nicht groß genug sind. Deshalb verändert sich das Kristallgitter bei der Bildung von β-Nb_2C_{1-x} zu einer hcp-Struktur [STO67]. Bei der Umwandlung zu δ-NbC_{1-x} nimmt der Kristall eine fcc-Struktur an. Die vollständigsten Phasendiagramme stammen von Smith et al. [SMI87, SMI90] (vgl. Abb. 2.4).

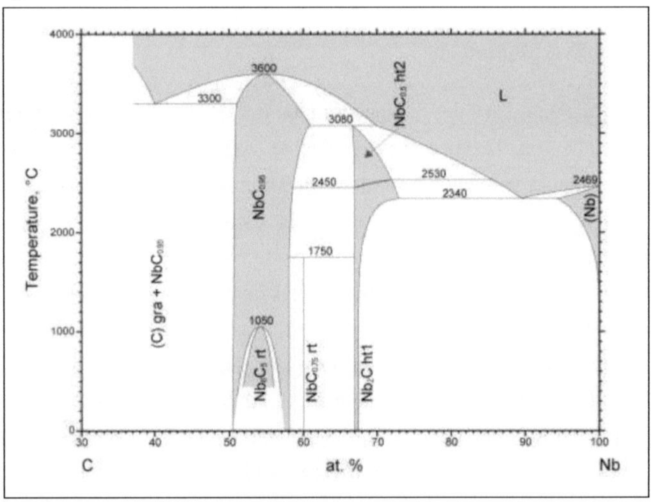

Abb. 2.4: Phasendiagramm Niob-Kohlenstoff nach [SMI90]

Die Strukturen von ζ-Nb_4C_3 [LEN97] und Nb_6C_5 [GUS94] sind noch nicht vollständig geklärt, auch nicht, ob es sich um stabile oder metastabile Phasen handelt. Die

Existenz von Nb_6C_5 konnte bisher im Gegensatz zu ζ-Nb_4C_3 nicht in Diffusionsexperimenten nachgewiesen werden [LEN97, WIE98].
Die Expansionskoeffizienten von NbC und reinem Niob liegen mit $6{,}6 \cdot 10^{-6}\,K^{-1}$ und $7{,}3 \cdot 10^{-6}\,K^{-1}$ sehr nahe zusammen [PIE96]. Dies ist vorteilhaft wenn man ein Komposit aus Nb und NbC für Hochtemperaturanwendungen herstellen möchte, da sich nur geringe mechanische Verspannungen bei thermischer Ausdehnung ergeben.

Das System Niob-Stickstoff

Wie auch NbC hat NbN aufgrund seiner Korrosionsbeständigkeit, hohen Härte und seines hohen Schmelzpunkts von 2323 °C [AGR91] bereits Anwendung in Schutzbeschichtungen gefunden [FEN03]. Durch seine optischen Eigenschaften kommt es auch als Anti-Reflex Beschichtung [STA06] und als optischer Detektor zum Einsatz [MIK08]. Der thermische Expansionskoeffizient von Niobnitrid ist mit $10{,}1 \cdot 10^{-6}\,K^{-1}$ [BAT76] deutlich größer als der von reinem Niob oder NbC.
Sehr nachteilig wirkt sich auch die Reaktivität von NbN in Wasser aus, wodurch Ammoniak entsteht [MAR00]. Vergleichbar zur Bildung von NbC findet auch bei der Bildung von β-Nb_2N eine Veränderung der Kristallstruktur zu einer hcp-Struktur statt, welche bei der Bildung von η-NbN zu hcp wechselt [BRA61]. γ-Nb_4N_3 ist ebenfalls bei Raumtemperatur stabil und besitzt eine verzerrte tetragonale Struktur [TER65].

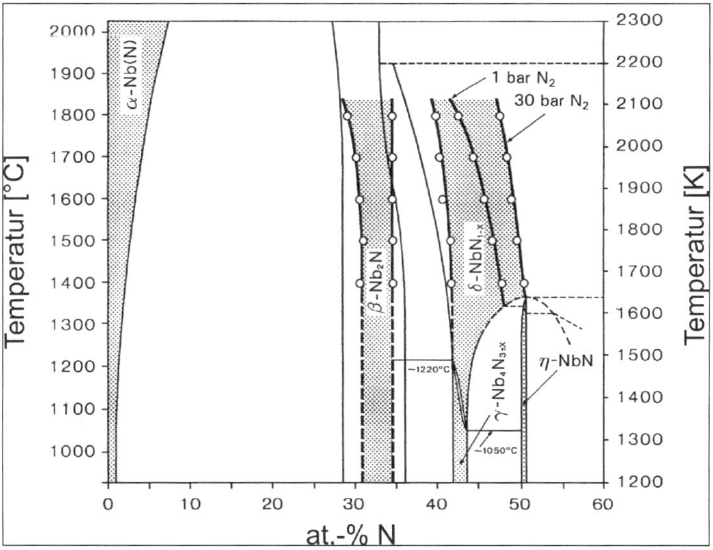

Abb. 2.5: Phasendiagramm Niob-Stickstoff nach [JOG98]

Trotz vieler Arbeiten über die Nitridphasen des Niob [BRA52, BRA64, LEV74, CHR78, MUS94] sind einige Übergänge immer noch unklar und die Phasendiagramme widersprechen sich oft. Das vollständigste Phasendiagramm findet sich bei [Oka90d] bzw. [HOL84] und [LEV74], allerdings ist dort der Übergang von γ-Nb_4N_3 zur Hochtemperaturmodifikation δ-NbN_{1-x} (fcc-Struktur) nicht berücksichtigt. Diese Phasenumwandlung findet bei ca. 1135 °C statt [BER97] und wird in den Veröffentlichungen von Lengauer et al. dargestellt [LEN97, LEN00], welcher auch zusammen mit Rafaja et al. die Diffusionskoeffizienten der verschiedenen Nitridphasen bestimmte [RAF98]. Das System Niob-Stickstoff, welches in Abb. 2.5 dargestellt wird, ist komplexer als das Hafnium-Stickstoff System und die Löslichkeit von interstitiellem Stickstoff ist aufgrund der kleineren Oktaederlücken um ein Vielfaches geringer als in Hf. Bereits bei Raumtemperatur treten drei Phasen auf, nämlich η-NbN, γ-Nb_4N_3 und β-Nb_2N, die alle unterschiedliche Kristallstrukturen und Gitterparameter aufweisen. Zusätzlich gehen die beiden Phasen η-NbN und γ-Nb_4N_3 zusammen bei Temperaturen oberhalb von ca. 1250 °C in eine neue δ-NbN_{1-x} Phase über, welche einen Zustandsbereich hat, der sich über ein deutlich größeres Feld erstreckt. Speziell die γ-Nb_4N_3 Phase geht bereits zwischen 1100 °C und 1200 °C in die δ-Phase über, wobei der exakte Übergang noch nicht vollständig erforscht ist.

2.2 Precursorkeramik

2.2.1 Polymere als Precursoren für keramische Werkstoffe

Präkeramische Polymere sind organometallische Verbindungen, die durch Pyrolyse ihre organischen Komponenten verlieren und eine amorphe oder kristalline Keramik bilden. Mittlerweile gibt es eine Vielzahl derartiger Polymere, welche als Precursoren für Keramiken verwendet werden können, wie beispielsweise SiC [YAJ78], Si_3N_4 [SCH86], SiCN [BUR87], AlN [INT86], BN [BEN85], TiN oder TiCN [SEY86]. Unter den ersten Keramiken, die aus Polymeren erzeugt wurden ist Phosphornitrid aus Phosphornitridchlorid [AIG60] und SiO_2 aus Siloxanen [WEY63]. Allerdings wurde das Potential dieser Materialklasse erst in den Siebzigern des vergangenen Jahrhunderts durch die Arbeiten von Veerbeck, Winter und Yajima [VER73, VER74, YAJ75a, YAJ75b] erkannt. Die von Yajima unter dem Namen Nicalon™ patentierten SiC Fasern, die von Nippon Carbon produziert werden, haben großes Interesse an der Forschung an weiteren Precursoren für nicht-oxidische Keramiken hervorgerufen. Die Spezialisierung auf nicht-oxidische Keramiken war auch dadurch bedingt, dass sich mit der Sol-Gel Methode bereits einige Jahre zuvor eine neue Methode zur Synthese von SiO_2 und anderen oxidischen Keramiken etablierte.

Da Si_3N_4 und SiC Keramiken die besten Eigenschaften in Bezug auf Festigkeit, thermische und chemische Beständigkeit haben, sind Si-basierte Keramiken am gründlichsten untersucht. Es gibt im Wesentlichen vier Gruppen von Si-basierten präkeramischen Polymeren: Polysilane, Polysilazane, Polycarbosilane und Polysiloxane. Polysilane sind Polymere, deren Grundgerüst ausschließlich aus Si besteht. Polysilazane bestehen aus einer Si-N Kette und können je nach Nebengruppen zur Synthese von Si_3N_4 oder SiCN-Keramiken dienen. Polycarbosilane bauen auf Si-C Grundelementen auf und eignen sich als Precursoren für SiC. Polysiloxane werden für die Herstellung von SiO_2 und SiOC verwendet.

Durch die polymeren Eigenschaften der Precursoren bieten sich diverse Vorteile gegenüber herkömmlichen Herstellungsverfahren, wie dem Sintern von keramischen Pulvern. Die chemische Zusammensetzung der Keramik, die Porenstruktur und Korngröße lässt sich durch Veränderung der Ausgangspolymere und Wahl der Pyrolyseatmosphäre gezielt steuern. Polymere lassen sich sehr einfach durch Einbringen von Nebengruppen oder Umstrukturierung des Grundgerüsts verändern. Dadurch, dass die Polymere entweder in flüssiger Form vorliegen oder in Lösungsmitteln gelöst werden können, ist eine einfache Verarbeitung mit gängigen Polymertechniken möglich. Aufgrund der chemisch sehr reinen Ausgangsstoffe weist die entstehende Keramik kaum Verunreinigungen auf [RIE96]. Ein weiterer Vorteil sind die im Vergleich zum Sintern relativ niedrigen Temperaturen von 600-800 °C, bei denen sich die amorphen Keramiken ausbilden [RIE95]. Durch ihre polymere Natur können verschiedene Formgebungsverfahren verwendet werden, die bei sehr niedrigen Temperaturen bis 200 °C ablaufen. Beispiele dafür sind Faserspinnen, Druckgießen, Tauch- und Rotationsbeschichtung, Sprühbeschichtung, Spritzgießen, Lackierverfahren und Biotemplating [ARK00, BLU01, GRE99a, LIE02, RAD99, SHA02, SIE00, WAL96].

Die Herstellung der Keramik aus den organischen Vorstufen umfasst grundsätzlich vier Schritte (vgl. Abb. 2.6):

- Synthese von präkeramischen Oligomeren oder Polymeren aus monomeren Einheiten
- Vernetzung der Polymere zu dreidimensionalen präkeramischen Netzwerken
- Transformation zu amorpher Keramik durch Pyrolyse
- Umwandlung der amorphen Keramik zu kristallinem Festkörper

Eine weitere Erhöhung der Temperatur nach der Kristallisation führt zur thermischen Zersetzung der Keramik.

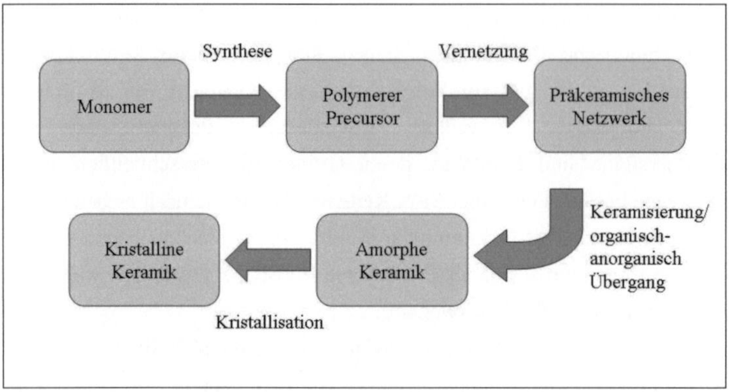

Abb. 2.6: Schematische Darstellung der Synthese von Precursorkeramiken

Es ist zu erwähnen, dass der vierte Schritt nicht notwendigerweise durchgeführt wird. Da die amorphe Keramik eine gute Schutzwirkung besitzt wird beispielsweise bei Beschichtungen auf den Kristallisationsschritt verzichtet [GUE07, TOR06].
Der größte Nachteil der Precursor-Technologie liegt in dem großen Dichteunterschied zwischen dem präkeramischen Polymer (~1 g/cm³) und der entstehenden Keramik (> 2 g/cm³) [WYN84, RIC83]. Durch diesen Dichteunterschied und das Abspalten organischer Bestandteile während der Pyrolyse schrumpft das Volumen um 50 bis 75 %, was eine Near-Net-Shape Herstellung von Bauteilen erschwert. Das Ausgasen führt zusätzlich zur Bildung eines Porennetzwerks und kann im ungünstigen Fall auch durch Druckaufbau im Inneren zur Zerstörung der Probe führen [GRE95, MAY95, RIE95]. Ein weiterer Nachteil ist die Reaktivität einiger Polymere mit Sauerstoff und Feuchtigkeit, was Lagerung und Verarbeitung unter Schutzgasatmosphäre nötig macht.

2.2.2 Synthese und Eigenschaften des Precursors ABSE

Für die keramischen Beschichtungen wurde in dieser Arbeit das Polycarbosilazan ABSE verwendet, welches am Lehrstuhl Keramische Werkstoffe der Universität Bayreuth im Technikmaßstab hergestellt wird. Der Precursor enthält sowohl Kohlenstoff als auch Stickstoff und kann bei Reaktion mit den gewählten Übergangsmetallen sowohl Carbide als auch Nitride erzeugen. Aufgrund der Struktur weist der Precursor eine hohe keramische Ausbeute von 77 % nach Pyrolyse unter

Stickstoffatmosphäre auf [GUE10]. Je höher die keramische Ausbeute ist, desto eher lässt sich Rissbildung in der Keramik durch die Volumenänderung während der Pyrolyse vermeiden [KRO00, LUE97]. Des Weiteren wurde der Precursor zur Herstellung dünner geschlossener Schichten verwendet und untersucht [GUE07, KRA09]. Auch für andere Anwendungsbereiche wie Fasern wurde der Precursor erfolgreich eingesetzt [MOT02, MOT02b, KOK09].

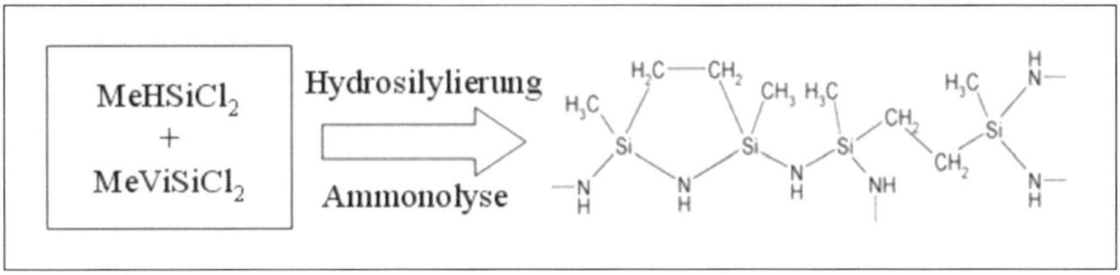

Abb. 2.7: Herstellung und schematische Struktur des ABSE-Precursors [MOT00]

Aus zwei unterschiedlichen Dichlorsilanen wird durch Hydrosilylierung und anschließende Ammonolyse das ABSE-Polymer mit der Zusammensetzung $SiNC_2H_6$ synthetisiert. Eine schematische Darstellung der Struktur sowie des Herstellungsprozesses ist in Abb. 2.7 zu sehen. Durch die reaktiven NH-Gruppen kann eine direkte chemische Bindung des Polymers mit der Oxidschicht der Substratmetalle erfolgen, wodurch eine sehr gute Haftung erreicht werden kann [BAH93]. Der Precursor ABSE ist bei Raumtemperatur fest, spröde, hat eine gelbliche Farbe und kann in unpolaren Lösungsmitteln wie Toluol gelöst werden [MOT00, TRA00]. Er ist relativ stabil an Luft und vernetzt nur langsam bei Raumtemperatur durch Reaktion mit Sauerstoff oder Wasser aus der Luftfeuchtigkeit. Der Precursor schmilzt bei ca. 130 °C und beginnt ab 250 °C mit der Vernetzung. Nach der Pyrolyse bei 1000 °C unter N_2 ist die Zusammensetzung der entstehenden Keramik $SiN_{0,9}C_{1,5}O_{0,1}$ [GUE10] mit einem freien Kohlenstoffanteil von 31 % [TRA02].

2.2.3 Vernetzung und Pyrolyse des Precursors ABSE

Der Schritt vom Polymer zu einem unschmelzbaren Netzwerk erfolgt bei dem ABSE Precursor durch zwei verschiedene Reaktionen (vgl. Abb. 2.8 und Abb. 2.9) [MOT02c, MOT03]: Unter Schutzgasbedingungen spielt nur der zweite Prozess eine Rolle. Die Entscheidung, unter welcher Atmosphäre die Vernetzung stattfinden soll, hängt also davon ab, ob man den Einbau von Sauerstoff in das System vermeiden möchte.

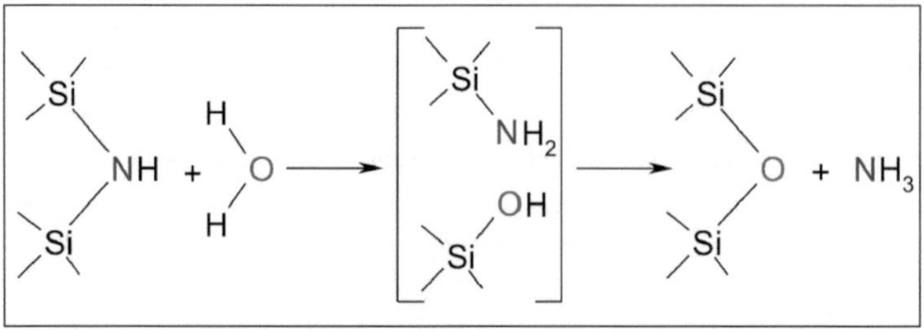

Abb. 2.8: Vernetzungsmechanismus des ABSE-Precursors durch Einbau von Sauerstoff und Kondensation von Ammoniak

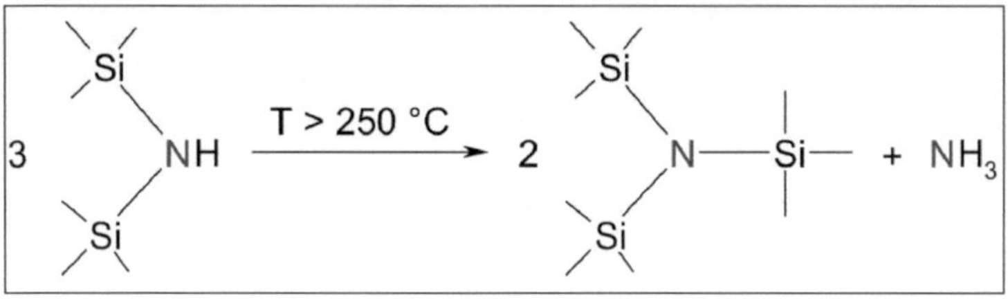

Abb. 2.9: Vernetzungsmechanismus des ABSE-Precursors durch Abspaltung von Ammoniak und Entstehung zusätzlicher Si-N Bindungen

Ein Vorteil der Vernetzung unter Luft ist, dass durch den Einbau von Sauerstoff die Schwindung geringer ausfällt. Die Untersuchung des Vernetzungs- und Pyrolyseverhaltens von ABSE mittels TG-FTIR ermöglicht die Bestimmung der Massenänderung in Abhängigkeit der Temperatur und erlaubt eine Charakterisierung der gasförmigen Abspaltungsprodukte. In Abb. 2.10 ist eine TG-FTIR Messung für den SiCN-Precursor ABSE zu sehen.

Ab ca. 300 °C beginnt der ABSE Precursor unter Abspaltung von NH_3 und Oligomeren zu vernetzen. Der Aufbau von ABSE aus fünfgliedrigen Ringen ist dabei vorteilhaft, da sich lineare Precursoren während der Vernetzung leichter depolymerisieren, wodurch flüchtige Spezies gebildet und abgespaltet werden. Ab ca. 500 °C beginnt die Keramisierung unter Abspaltung organischer Verbindungen, vor allem Methan und Ethen. Mit der Abspaltung dieser Spezies steigt in dem Precursor das Verhältnis von Si-N zu Si-C Bindungen. Dieser Abschnitt bezeichnet den Übergang organisch-anorganisch vom Polymer zur Keramik. Die Dichte nimmt dabei deutlich zu auf Werte von ca. 2,5 g/cm³.

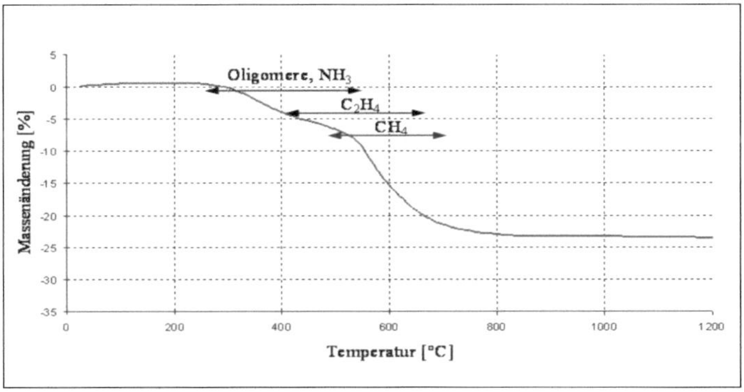

Abb. 2.10: Massenänderung und Pyrolyseprodukte des ABSE-Precursors [GUE10]

Durch Änderung von Pyrolyseparametern, wie Heizrate, Temperatur und Atmosphäre, kann die Eigenschaft der resultierenden Keramik, wie ihre Zusammensetzung, Porenstruktur und Morphologie, beeinflusst werden.

2.2.4 Anwendungen von polymerbasierten Keramiken

Die Bandbreite der möglichen Anwendungen für Precursorkeramiken ist vielseitig, besitzt aber gewisse Einschränkungen. Aufgrund der Limitierung durch den Schrumpfungsprozess werden präkeramische Polymere hauptsächlich in Strukturen mit geringer Dicke angewendet, also dünne Schichten, Fasern oder als Bindermaterial. Im Folgenden werden einige Anwendungsmöglichkeiten kurz vorgestellt.

Beschichtungen

Durch ihre flüssige Form, bzw. ihre Eigenschaft, sich in Lösungsmitteln lösen zu lassen, sind präkeramische Polymere ideal für Beschichtungstechniken, wie Tauchen, Sprühen, Lackieren oder Schleuderbeschichtung (Spin Coating), geeignet (vgl. Kap. 2.2.1). Motz und Günthner haben an oxidations- und korrosionsbeständigen Beschichtungen für Stahlsubstrate gearbeitet [MOT04, GUE07]. Durch die Verwendung von aktiven und passiven Füllmaterialien wurden dickere und sehr dichte Beschichtungen ohne Porennetzwerke hergestellt [GUE09a, KRA09]. Ohne Füllstoffe können Schichtdicken in der Größenordnung von 1 µm, mit geeigneten Füllstoffen von 10-50 µm erreicht werden. Die Füllstoffe reduzieren die Schwindung, indem sie den Precursorgehalt reduzieren (passive Füller) oder mit den Zersetzungsprodukten reagieren (aktive Füller) [FLO08, GRE95, GRE98].

Keramische Fasern aus präkeramischen Polymeren

Aufgrund der Arbeiten von Yajima et al., der 1978 den Prozess zur Massenproduktion von SiC-Fasern (Nicalon ®) patentieren ließ, sind Fasern die erfolgreichste Anwendung für präkeramische Polymere geworden und werden aus verschiedensten Precursoren synthetisiert [BAL99, COR00, MOT00]. Wynne hat eine sehr gute Zusammenfassung geschrieben [WYN84], in welcher Eigenschaften, Herstellung und Anwendungsmöglichkeiten von Fasern aus Precursorkeramiken vorgestellt werden. Am Lehrstuhl Keramische Werkstoffe in Bayreuth wurden Fasern mit eingebauten Carbon Nanotubes entwickelt, um den Spinnprozess zu optimieren und die mechanischen Eigenschaften der SiCN-Fasern zu verbessern. [KOK07, KOK09].

Präkeramische Polymere als Binder

Precursoren können organische Binder in der Verarbeitung von Keramikpulvern ersetzen [SEI93, SEY91, SUT97a, SUT97b]. Da sie sich beim Sintern in Keramiken umwandeln, kann durch ihren Einsatz die Porosität des hergestellten Körpers verringert und die Dichte der resultierenden Keramik erhöht werden. Die Verwendung als Bindermaterial wurde von Yajima et al. als eines der ersten Anwendungsgebiete für Precursorkeramiken untersucht [YAJ76]. Am Lehrstuhl Keramische Werkstoffe in Bayreuth wurde von Degenhardt an polymeren Bindern für SiC und Si_3N_4 geforscht [DEG10a, DEG10b].

Faserverstärkte Keramiken (PIP-Prozess)

Der sog. PIP-Prozess (**P**olymer **I**nfiltration and **P**yrolysis Process) wird zur Herstellung von keramischen Faserverbundwerkstoffen benutzt [SCH03]. Dabei werden Carbonfaserbündel mit einem flüssigen Polymer infiltriert, welches sich bei der Pyrolyse in die keramische Matrix umwandelt. Auf diese Weise lassen sich keramische Faserverbundwerkstoffe (engl. CMC = **C**eramic **M**atrix **C**omposite) mit hoher Schadenstoleranz herstellen [MIL97]. Da sich aufgrund der Volumenschwindung während der Pyrolyse Poren in der Matrix ausbilden, sind meistens mehrere Infiltrationsschritte nötig. Einer der Vorteile des PIP-Prozesses liegt darin, dass sich mit maßgeschneiderten Precursoren unterschiedlichste keramische Endprodukte für die Matrix der CMCs realisieren lassen. Über diese Fertigungroute hergestellte Faserverbundwerkstoffe können aufgrund ihrer Hochtemperatureigenschaften beispielsweise in der Luft- und Raumfahrttechnik Anwendung finden [MOT08].

Poröse Keramiken

Präkeramische Polymerschäume werden derzeit als potentielle Materialien für keramische Filter, Katalysatoren oder thermische Isolatoren getestet [KIM03, SCH05]. Durch das Ausgasen während der Vernetzung und Pyrolyse sind Precursoren zur Herstellung makro-poröser Keramikschäume bestens geeignet. Colombo et al. untersuchten die Herstellung makro- und mikro-poröser Schäume aus präkeramischen Polymeren [COL99, COL03]. Dazu wurde ein Polymethylsiloxan mit verschiedenen Schaumbildern oder PMMA Kügelchen zur Herstellung offenporiger Si-O-C Keramiken verwendet. Zeschky et al. erforschten die Herstellung offenporiger Keramikschäume aus präkeramischen Polymeren zur Infiltration mit flüssigen Metallen für die Herstellung von interpenetrierenden Metall-Keramik Verbundwerkstoffen [ZES05]. Derartige Phasen zeichnen sich durch hohe Festigkeit und Kriechbeständigkeit aus und können zur Herstellung sehr leichter Kompositwerkstoffe genutzt werden.

2.2.5 Verbundwerkstoffe auf Precursorbasis

Erste experimentelle Arbeiten zur Verbindung von präkeramischen Polymeren mit metallischen Werkstoffen fanden Ende der Achtzigerjahre des letzten Jahrhunderts statt. Greil et al. untersuchten Verbundwerkstoffe aus, mit Titanpulvern gemischten, Polysilsesquioxanen, mit dem Ziel, Bulkproben zu erzeugen, die nur eine geringe Schrumpfung und keine Risse durch Gasbildung während der Pyrolyse aufweisen [GRE90]. Dieser Prozess wird als AFCOP (Active Filler-Controlled Pyrolysis) bezeichnet, da die metallischen Füller mit den abgespalteten Produkten reagieren, die während der Pyrolyse frei werden. Das Ziel eines Metall-Keramik Verbundwerkstoffes, welcher bei der Pyrolyse keine Schrumpfung mehr aufweist, ist mit dieser Methode realisierbar [GRE98, GRE00]. Dies erlaubt die Near-Net-Shape Herstellung von Bauteilen, welche keine aufwändige mechanische Nachbearbeitung mehr benötigen, was die Precursorroute zu einem viel versprechenden Ansatz für die Synthese neuartiger Metall-Keramiken macht.

Es wurden bereits zahlreiche Untersuchungen mit verschiedenen aktiven Füllstoffen durchgeführt, unter anderem Ti [YU95, GRE92], $TiSi_2$, $CrSi_2$ [SEI93], $MoSi_2$ [HAH96], Si, W [MAR99], Mo [KAI99], Al und Nb [ACC05, SHI05]. Zusätzlich kann die Expansion der Füllpartikel auch über die Atmosphäre gesteuert werden, je nachdem welche Produkte erwünscht sind. Eine sauerstoffhaltige Atmosphäre führt zur Bildung von Oxiden; stickstoff- bzw. kohlenwasserstoffhaltige Gase können zur

Bildung von Nitriden respektive Carbiden führen [SEI93]. Die Expansion der Füllstoffe kann die Schrumpfung der Keramik während der Pyrolyse optimalerweise vollständig kompensieren, was eine Near-Net-Shape Herstellung von keramischen Bauteilen ermöglicht. In den Arbeiten von Greil ist die Volumenänderung durch Einbau von aktiven Füllern sowie die Reaktionskinetik detailliert dargestellt [GRE90, GRE92, GRE95].
Angewendet wurde diese Methode bisher hauptsächlich zur Herstellung gefüllter Keramikschutzschichten, da durch den Einsatz aktiver Füllstoffe die kritische Schichtdicke und somit die Schutzwirkung signifikant erhöht werden konnte [TOR07]. Greil et al. untersuchten vor allem die Herstellung von Bulkmaterialien mit dem AFCOP-Prozess [GRE99b, ERN05, ROC05]. Andere Gruppen untersuchten den Einfluss von passiven Füllmaterialien wie MgO, Y_2O_3 [KIM10], AlN, Si_3N_4 [BER06], NbC [SCH03b] oder Al_2O_3 [LAB93] auf die Schrumpfung während der Pyrolyse.

2.3 Beschichtungstechniken

Die grundlegenden Arbeiten für die Untersuchung der Precursorroute zur Erzeugung von Metall-Keramik Kompositwerkstoffen wurden mit Proben durchgeführt, die durch Beschichtung metallischer Substrate mit einem präkeramischen Polymer hergestellt wurden [vgl. GUE07, KRA09, TOR06]. Die Herstellung der Schichten erfolgte dabei mittels Tauchbeschichtung, einem Verfahren, welches im Vergleich zu anderen Beschichtungstechniken nur geringen apparativen Aufwand erfordert. Im Folgenden sollen allgemeine Beschichtungsmethoden kurz vorgestellt werden, bevor auf die Tauchbeschichtung im speziellen eingegangen wird. Verfahren zur Oberflächenbehandlung haben oft eine Verbesserung der Korrosions-, Oxidations- und Abrasionsbeständigkeit des Werkstoffes zum Ziel. Das kann entweder durch Aufbringen einer Schicht (z.B. Lackieren) oder durch Modifizierung der Oberfläche geschehen (z.B. Nitrieren). Wesentliche Eigenschaften einer Beschichtung sind neben ihrer chemischen, thermischen und mechanischen Beständigkeit ihre Dicke und Haftfestigkeit.
Keramische Schichten bieten sich als Schutzbeschichtung besonders an, da sie durch ihre chemischen und thermischen Eigenschaften, sowie ihre Härte und Festigkeit die Eigenschaften des metallischen Grundwerkstoffes verbessern. Im Folgenden werden einige gängige Beschichtungsmethoden vorgestellt und ihre Vor- und Nachteilen kurz erläutert.

2.3.1 Überblick über allgemeine Beschichtungsverfahren

CVD Beschichtungsverfahren

Chemische Gasphasenabscheidung ist ein Sammelbegriff für diverse Verfahren, bei denen auf einer heißen Oberfläche eine Schicht durch eine chemische Reaktion mit Molekülen aus der Gasphase erzeugt wird. Auch im Deutschen hat sich die englische Abkürzung CVD für „chemical vapor deposition“ eingebürgert. Choy hat eine umfangreiche Zusammenfassung zu den verschiedenen CVD Prozessen veröffentlicht [CHO01]. Eine Variante des CVD Prozesses ist die plasmaunterstützte chemische Gasphasenabscheidung (PECVD von „plasma enhanced CVD“), bei der die eingeleiteten Gase durch ein Plasma angeregt werden, wodurch die benötigte Reaktionsenergie herabgesetzt wird. Der Vorteil ist, dass dadurch das Substrat weniger stark aufgeheizt werden muss, um die chemische Reaktion zu ermöglichen. Nachteilig ist jedoch, dass Gasatome durch das Plasma ionisiert werden, was die Substratoberfläche schädigen kann. Auch die Strahlung des Plasmas kann zu einer Veränderung der Oberfläche führen. PECVD Verfahren werden hauptsächlich zur Erzeugung amorpher Siliziumfilme und siliziumhaltiger Filme wie Si_3N_4, SiO_2 und SiON verwendet sowie für diamantähnliche Kohlenstoffschichten oder TiN/TiCN Hartstoffschichten [WEB97].

Das MOCVD Verfahren („metal organic CVD“) bezeichnet die chemische Abscheidung aus gasförmigen metallorganischen Precursoren. Durch die Verwendung metallorganischer Verbindungen kann bei Raumtemperatur ein metallhaltiger Dampf erzeugt werden, auch wenn die Metalle in elementarer Form erst bei viel höheren Temperaturen in die Gasphase übergehen. Das MOCVD Verfahren ist besonders zur Herstellung von Verbindungshalbleitern wie GaN von Bedeutung. Sie erlaubt ein bis auf eine Monolage genaues Schichtwachstum bei Wachstumsraten von 0,1 nm/s bis 1 nm/s. Nachteilig wirkt sich aus, dass die Ausgangsstoffe hochrein sein müssen und deswegen sehr teuer sind. Außerdem werden aufgrund der Verwendung von organischen Verbindungen immer Verunreinigungen von C, O und H mit eingebaut.

Die chemische Gasphaseninfiltration (CVI, „chemical vapor infiltration“) gehört auch zu den CVD Verfahren und hat die Besonderheit, dass sie auch zur Beschichtung innerer Oberflächen poröser Körper wie z. B. Faserbündeln verwendet werden kann.

Gemeinsam ist allen Verfahren, dass eine chemische Reaktion der flüchtigen Teilchen aus der Gasphase zur Erzeugung einer festen Schicht führt. Durch die chemische Reaktion mit der Oberfläche ist im Allgemeinen eine sehr gute Haftfestigkeit der Schicht zu erwarten. Vorteilhaft ist auch die Tatsache, dass mit CVD Verfahren dreidimensionale Strukturen gleichmäßig beschichtet werden können. Nachteilig ist bei fast allen Verfahren die hohe Temperaturbelastung des Substrats, die nötig ist, um die chemische Reaktion ablaufen zu lassen. Auch muss stets im Niederdruckbereich gearbeitet werden, um konkurrierende Gasphasenreaktionen zu vermeiden.

PVD Beschichtungsverfahren

Physikalische Gasphasenabscheidung bezeichnet wie auch CVD eine ganze Gruppe von Verfahren und wird auch im deutschen gewöhnlich als PVD (von engl. „physical vapor deposition“) abgekürzt. Allen PVD-Verfahren ist gemeinsam, dass die Precursoren für die Beschichtung in die Gasphase überführt werden und auf dem Substrat kondensieren, um eine Schicht zu erzeugen. Im Gegensatz zu CVD-Prozessen läuft keine Reaktion der Gasphasenteilchen mit dem Substrat ab. Die Art, wie der Precursor verdampft wird, ist dabei der wesentliche Unterschied zwischen den einzelnen Verfahren. Wie bei CVD muss auch hier im Niederdruckbereich gearbeitet werden, damit keine Verunreinigung der Schicht auftritt; meist ist sogar ein Hochvakuum nötig. Der große Aufwand, der mit der Vakuumerzeugung verbunden ist, ist einer der größten Nachteile der PVD-Verfahren. Anders als bei CVD-Verfahren ist bei PVD-Prozessen eine gleichmäßige Beschichtung unregelmäßiger Bauteile nicht gewährleistet, da die Ausrichtung der Bauteilflächen im Gasstrom Einfluss auf die Beschichtungsrate hat. Dafür ist es bei PVD-Verfahren nicht nötig, die Substrate zu erhitzen, wodurch auch empfindlichere Materialien beschichtet werden können.

Ein gängiges PVD-Verfahren ist beispielsweise das Bedampfen. Beim Be- oder Aufdampfen (auch thermisches Verdampfen genannt) wird das Ausgangsmaterial für die Beschichtung auf eine Temperatur nahe der Siedetemperatur erhitzt; der entstehenden Dampf schlägt sich auf dem kühleren Substrat nieder, welches sich auf der gegenüberliegenden Seite der Kammer befindet. Auch hier muss die Beschichtung im Hochvakuum stattfinden, um Verunreinigungen zu vermeiden. Das Verfahren wird typischerweise für metallische Schichten verwendet, wobei auch SiO_2 oder Indiumzinnoxidschichten auf diese Weise hergestellt werden können.

Beim PLD-Verfahren („pulsed laser deposition“, im Deutschen „Laserstrahlverdampfen“) erfolgt das Verdampfen der Ausgangsmaterialien durch Laserstrahlung großer Intensität. Der Vorteil ist, dass die Verdampfungsenergie pro Laserpuls genau reproduzierbar ist und auch komplexe Verbindungen mit hoher Genauigkeit und exakter Dicke abgeschieden werden können. Selbst Multilagensysteme aus verschiedenen Materialklassen wie Keramiken, Metallen und Halbleitern sind möglich.

Nachteilig ist bei diesem Verfahren, dass das Schichtwachstum langsamer als bei anderen PVD-Verfahren abläuft und großflächiges Beschichten nicht möglich ist.
Auch das Sputtern ist ein gängiges PVD-Verfahren. Dabei werden die Atome des Beschichtungsmaterials durch Ionenbeschuss (meist Argon) in die Gasphase gebracht. Die herausgelösten Atome kondensieren dann auf dem gegenüberliegenden Substrat und bilden eine Schicht aus. Um Kollisionen in der Gasphase zu vermeiden ist auch hier ein Hochvakuum nötig. Sputtern ist eine häufig genutzte Methode zur Herstellung von Hartstoffschichten wie TiN, TiCN und TiAlN.

Thermische Spritzverfahren

Das thermische Spritzen ist ein weiteres Verfahren, um metallische oder keramische Schichten auf einem Werkstoff aufzubringen. Dazu wird das Ausgangsmaterial thermisch aufgeschmolzen und mittels eines Trägergases auf die Oberfläche des Substrats aufgespritzt. Die thermische Belastung des Substrats ist dabei vergleichsweise gering. Durch den Druck des Aufspritzens und die Vorbehandlung des Substrats, z.B. Aufrauen durch Sandstrahlen, kommt es zu einer guten Anhaftung der Schichtbestandteile auf der Oberfläche. Die verschiedenen thermischen Spritzverfahren unterscheiden sich in der Art des Schmelzverfahrens.
Beim Plasmaspritzen wird ein Pulver des Ausgangsmaterials in ein Plasma geleitet, wo es aufschmilzt und auf die Substratoberfläche beschleunigt wird. Die Temperatur des Plasmas nimmt auf der Strecke zur Oberfläche sehr rasch ab und belastet das Substrat nicht zu stark. Diese Methode wird z.B. zur Beschichtung von Metallen mit Wolfram- oder Titancarbid verwendet [BER91, LID99]. Innenbeschichtungen können damit allerdings nicht durchgeführt werden, da ein Spritzwinkel von mindestens 45° erforderlich ist.
Beim Flammspritzen wird der Ausgangswerkstoff, der als Pulverstab oder Draht vorliegen kann, mit einer Flamme aus einem Brenngas-Sauerstoff Gemisch aufgeschmolzen und auf das Substrat transportiert. Da das Flammspritzen aber meist relativ schlecht haftende, sehr poröse Schichten erzeugt, wird es kaum noch eingesetzt.
Das Lichtbogenspritzen kann prinzipiell nur elektrisch leitende Materialien aufbringen, da ein Lichtbogen zwischen zwei Drähten des Ausgangsmaterials gezündet werden muss. Durch die dabei entstehenden sehr hohen Temperaturen (~ 4000 °C) wird das Material abgeschmolzen und mit einem Zerstäubergas auf die Substratoberfläche transportiert. Durch Verwendung von Hohldrähten können auch carbidische oder keramische Schichten erzeugt werden.

2.3.2 Grundlagen und Anwendungspotential der Precursorbeschichtung

Precursorbeschichtungen können auf verschiedene Arten aufgebracht werden, wobei die Gemeinsamkeit darin liegt, dass die Beschichtung mit einem flüssigem bzw. einem in einer Flüssigkeit gelöstem Polymer erfolgt. Typische Beschichtungstechniken sind daher Tauch-, Schleuder- oder Sprühbeschichtung, wobei auch andere Verfahren aus der Polymerverarbeitung anwendbar sind, wie Plastifizieren oder Bandbeschichten. Nach dem Aufbringen des präkeramischen Polymers erfolgt ein Temperaturschritt zur Umwandlung des Precursors in eine amorphe Keramik (vgl. Kapitel 2.2.4), die sog. Pyrolyse.

Besonders vorteilhaft ist bei Beschichtungen aus dem flüssigen Zustand die Tauchbeschichtung aufgrund ihrer hohen Reproduzierbarkeit bei sehr geringem apparativen Aufwand. Über die Viskosität der Precursorlösung und die Geschwindigkeit des Herausziehens aus der Lösung kann die Schichtdicke sehr genau eingestellt und vorausgesagt werden, wie in den Veröffentlichungen von Landau und Levich dargestellt wurde [LAN42]. In diesen Arbeiten wurde auch eine sehr detaillierte mathematische Beschreibung der Tauchbeschichtung geliefert. Mit der daraus erhaltenen Landau-Levich Gleichung kann die Schichtdicke in Abhängigkeit der Beschichtungsparameter berechnet werden. Für den Fall, dass die Flüssigkeit newtonsches Verhalten aufweist, vereinfacht sich diese Gleichung zu [SCR88]:

$$h_0 = A \cdot \left(\frac{\mu \cdot U}{g \cdot \rho} \right)^{1/2} \tag{1}$$

wobei h_0 die Schichtdicke der Polymerschicht in µm, µ die Viskosität der Lösung, U die Ziehgeschwindigkeit, g die Gravitation, ρ die Dichte der Lösung und A eine materialabhängige Konstante ist. Daraus lässt sich erkennen, dass die Schichtdicke mit der Quadratwurzel der Ziehgeschwindigkeit zunimmt. Diese Abhängigkeit wurde in experimentellen Arbeiten mehrfach bestätigt [GUG92, TOR06]. Für langsamere Zuggeschwindigkeiten oder Lösungen niedriger Viskosität muss die Gleichung modifiziert werden, da die Abhängigkeit von der Zuggeschwindigkeit dann proportional zu $U^{2/3}$ wird [LAN42]. Beide Gleichungen berücksichtigen jedoch nicht das Verdampfen des Lösungsmittels während des Herausziehens, weswegen das Verhalten von flüchtigen Beschichtungslösungen nicht exakt der Landau-Levich Gleichung gehorcht und experimentell ermittelt werden sollte.

Die maximale Schichtdicke wird dadurch begrenzt, dass während der Pyrolyse mit zunehmender Schichtdicke mechanische Spannungen auftreten, so dass die Schicht ab einer bestimmten Dicke abplatzt. Die kritische Dicke liegt gewöhnlich bei einigen µm.

Höhere Schichtdicken können nur durch mehrmaliges Beschichten und Auslagern erreicht werden.
Zur Beeinflussung der Eigenschaften und der Zusammensetzung der Keramikschicht gibt es mehrere Möglichkeiten. Einerseits können durch Modifikation des Precursors funktionelle Gruppen eingebaut oder entfernt werden. Die Atmosphäre während der Pyrolyse kann die Schichtzusammensetzung ebenfalls verändern, wenn es sich um Gase handelt, deren Bestandteile mit dem Precursor reagieren können. Reaktive Atmosphären sind typischerweise sauerstoff-, kohlenstoff- und stickstoffhaltige Gase. Die Pyrolysedauer und -temperatur beeinflussen die Struktur der Schicht und somit deren Eigenschaften. Speziell wenn Elemente aus der Keramikschicht mit dem Substrat reagieren, ist die Temperatur von Bedeutung, da die dabei ablaufenden Prozesse diffusionsgesteuert sind.
Neben der hohen Modifizierbarkeit und einfachen Durchführung ist ein weiterer Vorteil der Precursorbeschichtung die hohe chemische Reinheit der resultierenden Schichten, welche eine sehr homogene Elementverteilung besitzen. Auch komplexe Bauteile sind problemlos zu beschichten und sogar die inneren Oberflächen poröser Körper können mittels Flüssiginfiltration beschichtet werden.

2.4 Überblick über die Grundlagen der Diffusion

Da die Prozesse, die zwischen der Precursorschicht und dem Metallsubstrat ablaufen und zur Bildung einer Gradientenschicht führen, diffusionsgesteuert sind, soll hier ein Überblick über Diffusionsprozesse gegeben werden. Die Zusammensetzung und Dicke der Gradientenschicht beeinflusst maßgeblich die Haftung der Keramik auf dem Metall, weswegen ein genaues Verständnis dieser Abläufe von essentieller Bedeutung ist. Die physikalischen und mathematischen Grundlagen der Diffusion sind ausführlich unter anderem in [CRA05], [MEH07] und [GLI00] dargestellt. Im Folgenden sollen dabei nur diejenigen Aspekte angesprochen werden, die für die vorliegende Arbeit von Bedeutung waren.

2.4.1 Ficksche Gleichungen

Diffusion bezeichnet den Stofftransport von Atomen oder Molekülen, welcher ohne eine äußere Krafteinwirkung zustande kommt. Der Mechanismus beruht auf der nicht zielgerichteten thermischen Eigenbewegung der Teilchen. Die Diffusion sorgt für den Ausgleich von Konzentrationsunterschieden, da sich bei ungleicher Verteilung statistisch mehr Teilchen aus dem Bereich hoher Konzentration in den Bereich niedriger Konzentration bewegen als umgekehrt. Dieser Nettotransport von Teilchen entlang eines Konzentrationsgradienten bezeichnet man als Diffusionsstrom, welcher als Anzahl von Teilchen, die pro Zeiteinheit durch eine Einheitsfläche fließen definiert ist. Analog zur Beschreibung der Wärme- und Stromleitung hat Fick bereits 1855 die allgemeinen Transportgleichungen auf den Diffusionsvorgang angewandt [FIC55]. Auch wenn die Struktur der Atome damals noch nicht bekannt war, lieferte dieser Ansatz eine sehr exakte Beschreibung des Diffusionsprozesses. Analog zur Wärmeleitung leitet sich das erste Ficksche Gesetz ab, das den Zusammenhang von Diffusionsstrom J zum räumlichen Konzentrationsgradienten darstellt:

$$J = -D \frac{\partial}{\partial z} C(z,t) \qquad (2)$$

D ist ein materialabhängiger Proportionalitätsfaktor, der Diffusionskoeffizient genannt wird, z die Ortskoordinate und t die Zeit. Genau genommen ist diese Darstellung eine Vereinfachung des dreidimensionalen Falles. D ist korrekt betrachtet ein Tensor und z ein Vektor, aber in isotropen Systemen, z.B. kubischen Kristallstrukturen, können D und z aufgrund der Ortsunabhängigkeit wie Skalare verwendet werden (vgl. Abb. 2.11). Das Gesetz beschreibt den Teilchenfluss in Richtung der abnehmenden Konzentration.

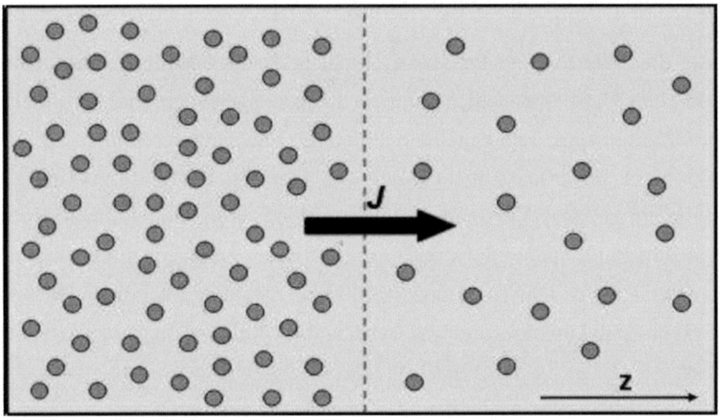

Abb. 2.11: Netto-Teilchenstrom J in quasi-eindimensionalem System

Ergänzt man Gleichung (2) um die Kontinuitätsgleichung, welche sich aus dem Massenerhaltungsgesetz ergibt, bekommt man:

$$\frac{\partial}{\partial t} C(z,t) = -\frac{\partial}{\partial z} J(z,t) \qquad (3)$$

Eingesetzt in Gleichung (3) folgt daraus eine partielle Differentialgleichung 2. Ordnung und es ergibt sich Gleichung (4), das sog. 2. Ficksche Gesetz:

$$\frac{\partial}{\partial t}C(z,t)=\frac{\partial}{\partial z}\left(D\frac{\partial}{\partial z}C(z,t)\right) \tag{4}$$

Das zweite Ficksche Gesetz beschreibt den Zusammenhang zwischen zeitlicher und örtlicher Veränderung der Konzentration. Für ortsunabhängige D wird (4) zu:

$$\frac{\partial}{\partial t}C(z,t)=D\frac{\partial^2}{\partial z^2}C(z,t) \tag{5}$$

Mit Hilfe der Differentialgleichung (5) können nun die theoretischen Diffusionsverläufe für spezielle Randbedingungen berechnet werden, welche in den folgenden Kapiteln diskutiert werden.

2.4.2 Lösungen der Fickschen Gleichung unter speziellen Randbedingungen

Eindiffusion aus unendlicher Quelle

Für den Fall, dass an der Oberfläche eines Festkörpers eine unveränderliche Konzentration C_{OF} vorliegt, kann Gleichung (5) analytisch gelöst werden [MEH07]. Auch wird hierbei angenommen, dass während der Diffusion keine Phasenumwandlung stattfindet und eine vollständige Mischbarkeit besteht. Dieser Fall beschreibt im Wesentlichen die Diffusion in einen Festkörper aus der Gasphase, wenn ein ausreichend großes Gasvolumen bzw. ein konstanter Gaszustrom gewährleistet ist. C_{OF} kann dabei die Sättigungskonzentration C_S nicht übersteigen, weswegen bei ausreichender Gasmenge $C_{OF} = C_S$ gelten muss. Weitere Randbedingungen, die zur Lösung der Gleichung benötigt werden und die im Allgemeinen bei kurzen Diffusionszeiten für Körper mit ausreichend großer Dicke gültig sind, lauten:

$$C(\infty,t)=0,\forall t \tag{6}$$

und

$$C(z,0)=0,\forall z>0 \tag{7}$$

Gleichung (6) beschreibt dabei einen unendlich dicken Festkörper, was unter den gegebenen Bedingungen Gültigkeit besitzt, da die Diffusionslängen klein im Vergleich zur Probendicke sind. Gleichung (7) gibt die im gesamten Festkörper vorliegende Konzentration von 0 zum Zeitpunkt 0 vor. Die Lösung der Gleichung (5) unter diesen Randbedingungen ergibt sich dann zu [MEH07]:

$$C(z,t)=C_{OF}\,erfc\left(\frac{z}{2\sqrt{Dt}}\right) \tag{8}$$

Erfc ist die Komplementärfunktion der Gaußschen Fehlergleichung mit der Definition:

$$erfc(z) = 1 - erf(z) = 1 - \frac{2}{\sqrt{\pi}\int_0^z e^{-\zeta^2} d\zeta} \tag{9}$$

Die Menge C_M der aufgenommenen Teilchen kann damit ebenfalls berechnet werden:

$$C_M = \int_0^\infty C(z,t)dz = \frac{2C_{OF}}{\sqrt{\pi}}\sqrt{Dt} \tag{10}$$

Mit Gleichung (8) kann der Diffusionsverlauf für verschiedene Zeiten t und Temperaturen T bestimmt werden. Da der Diffusionskoeffizient D von der Temperatur abhängig ist, spielt die Temperatur auch eine Rolle bei der Ermittlung des Konzentrationsverlaufs C(z,t). In Tab. 2.3 sind die Diffusionskoeffizienten von Stickstoff in Niob für verschiedene Temperaturen dargestellt (nach [RAF98]).

Tab. 2.3: Diffusionskoeffizient D von Stickstoff in Niob für verschiedene Temperaturen

T [°C]	800	1000	1200	1300
D [m^2/s]	$1{,}02\cdot10^{-18}$	$2{,}36\cdot10^{-17}$	$3{,}57\cdot10^{-16}$	$6{,}16\cdot10^{-15}$

Damit kann beispielsweise der Diffusionsverlauf von Stickstoff in Niob für verschiedene Zeiten t (1 h, 10 h, 50 h und 100 h) bei konstanten T = 1000 °C berechnet werden (s. Abb. 2.12).

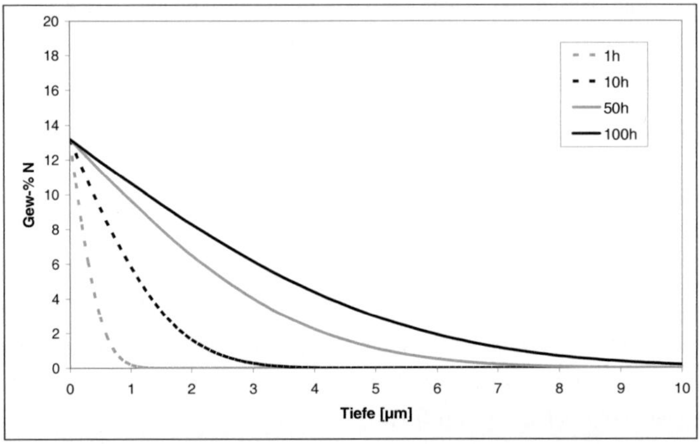

Abb. 2.12: Stickstoffdiffusion aus unendlicher Quelle in Niob bei 1000 °C nach 1, 5, 10, 50 und 100 h

Ebenso kann der Einfluss der Temperatur auf die Diffusionslänge betrachtet werden, indem der Verlauf bei verschiedenen Temperaturen und fixem t = 10 h berechnet wird. Aufgrund der exponentiellen Abhängigkeit des Diffusionskoeffizienten von der Temperatur, hat die Temperatur einen größeren Einfluss auf die Diffusionslänge als die Zeit (s. Abb. 2.13).

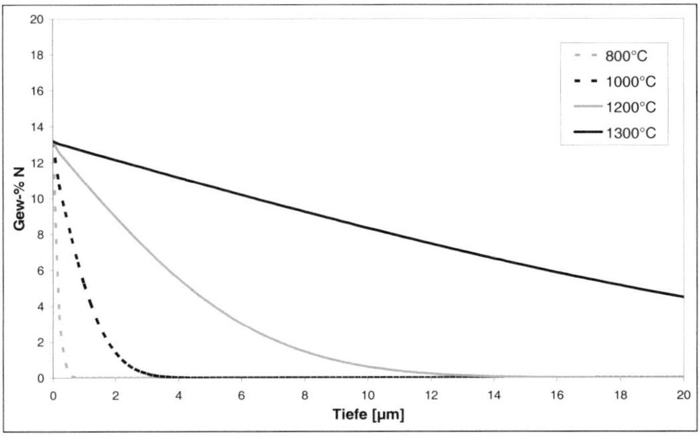

Abb. 2.13: Stickstoffdiffusion aus unendlicher Quelle in Niob nach 10 h bei 800, 1000, 1200 und 1300°C

Eindiffusion aus begrenzter Quelle

Für den Fall, dass keine Diffusion aus der Gasphase stattfindet, sondern aus einer auf die Probe aufgebrachten Festkörperschicht mit einer Teilchenkonzentration M, verändern sich die Randbedingungen und auch die Lösung der Diffusionsgleichung [MEH07]. Als Anfangsbedingung für die Oberflächenkonzentration C_{OF} gilt nun:

$$C_{OF}(z,0) = M \cdot \delta(z), t = 0 \qquad (11)$$

wobei δ(z) die Delta-Distribution ist, welche die Eigenschaften

$$\delta(z) = \begin{Bmatrix} +\infty, z = 0 \\ 0, z \neq 0 \end{Bmatrix} \qquad (12)$$

sowie

$$\int_{-\infty}^{+\infty} \delta(z) = 1 \qquad (13)$$

aufweist.

Gleichungen (6) und (7) gelten weiterhin, aber es müssen zusätzliche Annahmen getroffen werden, da die Konzentration an der Oberfläche nicht konstant und die Menge der Teilchen, die an der Diffusion teilnehmen, begrenzt ist. Nimmt man an, dass sich sämtliche diffundierenden Teilchen nur innerhalb des Festkörpers verteilen und nicht in die Gasphase übergehen, dann gilt, dass die Teilchenmenge M konstant ist und sich nur die Konzentration C_{OF} an der Oberfläche verändert. Dies kann ausgedrückt werden, indem man das Integral über C(z,t) gleich M setzt:

$$\int_{o}^{\infty} C(z,t)dz = M, \forall t \tag{14}$$

Die Konzentration der Quelle nimmt dabei mit der Zeit ab, wobei die Abnahme der Oberflächenkonzentration gemäß Gleichung (10) erfolgt. Als Lösungsansatz empfiehlt sich die Gaußsche Lösung, welche eine exponentielle Abhängigkeit von $\exp(-z^2/k^2)$ annimmt. Für den Faktor k wird dabei die charakteristische Diffusionslänge $\sqrt{4Dt}$ eingesetzt, welche typisch für viele Lösungen der Fickschen Gleichung ist [MEH07]. Die unter diesen Voraussetzungen erhaltene Gleichung (15) stellt unter den gegebenen Randbedingungen eine Lösung von (5) dar.

$$C(z,t) = \frac{M}{\sqrt{\pi Dt}} e^{-\frac{z^2}{4Dt}} \tag{15}$$

Die Teilchenmenge M lässt sich aus der Schichtdicke berechnen, wenn Dichte, molare Masse und Stickstoff- bzw. Kohlenstoffgehalt der Precursorschicht bekannt sind. Diese Werte wurden für ABSE in [MOT00, MOT03] bestimmt. Die Menge an Teilchen pro Flächeneinheit M^* in einer Schicht ergibt sich aus Gleichung ((16):

$$M^* = d \cdot N_A \cdot \frac{\rho^{ABSE}}{M_{mol}^{ABSE}} \tag{16}$$

N_A bezeichnet die Avogadro-Konstante, d die Dicke der Schicht, ρ die Dichte und M_{mol} die molare Masse.

Des Weiteren muss aufgrund der Dichteunterschiede zwischen ABSE und dem Metallsubstrat der Stickstoffgehalt des Precursors auf die Anzahl an Oktaederlücken im Metallgitter normiert werden. Da der Kohlenstoff- bzw. Stickstoffgehalt einer Volumeneinheit ABSE nicht ausreicht, um alle Oktaederlücken einer Volumeneinheit des Metalls auszufüllen, ergibt sich ein Vorfaktor für M^*, welcher die Teilchendichte M bestimmt, die effektiv zur Bildung der Carbide bzw. Nitride zur Verfügung steht, wie in Gleichung (17) aufgeführt:

$$M = \frac{N_{Teilchen}}{N_{Lücken}} \cdot M^* \tag{17}$$

$N_{Teilchen}$ steht dabei für die Konzentration an Kohlenstoff- bzw. Stickstoffatomen im Precursor, $N_{Lücken}$ für die Konzentration an Oktaederlücken im Metallgitter.

Aus der Zusammensetzung und Dichte des Precursors lässt sich bestimmen, dass die Stickstoffkonzentration $8{,}345 \cdot 10^{21}$ N-Atome/cm³ in ABSE beträgt, während beispielsweise in einem Niobkristall Oktaederlücken für $5{,}555 * 10^{22}$ N-Atome/cm³ zur Verfügung stehen. Das Verhältnis von Stickstoffatomen zu Oktaederlücken beträgt somit 15 %. Damit kann wieder in Abhängigkeit des temperaturabhängigen Diffusionskoeffizienten aus Tab. 2.3 bzw. in Abhängigkeit der Zeit das Diffusionsprofil C(z,t) berechnet werden. In Abb. 2.14 ist der Stickstoffkonzentrationsverlauf in Niob aus einer endlichen Quelle mit Anfangskonzentration M nach Auslagerung für unterschiedliche Zeiten bei 1000 °C dargestellt. Die Anfangskonzentration M wurde dabei aus der Stickstoffkonzentration einer 1 µm dicken ABSE-Schicht nach den Gleichungen (16) und (17) berechnet.

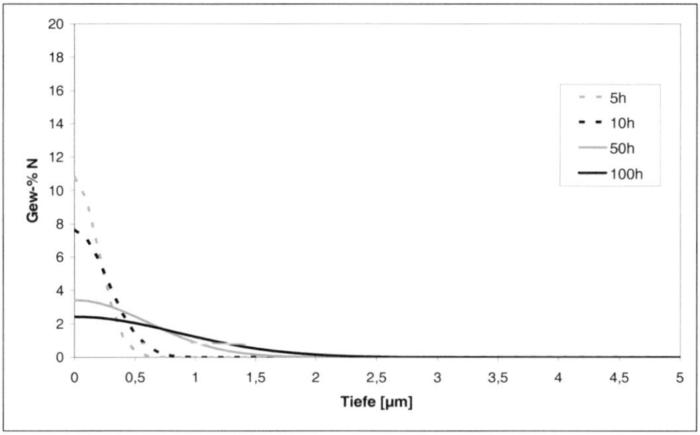

Abb. 2.14: Stickstoffdiffusion aus ABSE Precursorschicht in Niob bei 1000 °C nach verschiedenen Zeiten

Diffusion in Multiphasensystemen

Den komplexesten Fall stellt der Diffusionsverlauf in Multiphasensystemen dar. Wenn diskrete Phasen gebildet werden, kann die Zusammensetzung nicht mehr jeden beliebigen Wert annehmen, sondern ist auf jene Konzentrationen beschränkt, die bei der gewählten Temperatur in stabilen bzw. metastabilen Phasen vorkommen. Der Diffusionsverlauf ist in diesem Fall nicht mehr stetig, sondern springt an den Phasengrenzen von einer Konzentration zur Nächsten. Konzentrationen, welche im Phasendiagramm in einem Zweiphasengebiet vorkommen, sind nicht „erlaubt". Trotz dieser Unstetigkeiten kann die Diffusionsgleichung unter gewissen Voraussetzungen auch für Multiphasensysteme gelöst werden. Jost lieferte einen ersten Ansatz zur mathematischen Behandlung von Diffusionsproblemen mit Unstetigkeiten [JOS50], welcher später durch Kirkaldy, Kidson und Wagner et al. erweitert wurde [KIR59, KID61, WAG69]. Rafaja et al. haben diese Methode für die Modellierung von interstitieller Kohlenstoff- und Stickstoffdiffusion aus der Gasphase in Hf- und Nb-Proben angewendet und deren Gültigkeit auch experimentell an Diffusionspaaren nachgewiesen [RAF96].

Der hier verwendete Ansatz basiert auf der Berechnung der Bewegung der Phasengrenzen in Abhängigkeit der Zeit, um den Diffusionsverlauf zu bestimmen, wie es in [RAY07] vorgestellt wird. Der Konzentrationsverlauf innerhalb der Phasen folgt der Gaußschen Fehlerfunktion und kann bei Kenntnis der Position der Phasengrenzen problemlos berechnet werden. Wie schon in der Lösung der Diffusion aus endlicher Quelle, wird dabei von der charakteristischen Diffusionslänge $\sqrt{4Dt}$ ausgegangen. Die Bewegung der Phasengrenzen wird durch folgende Abhängigkeit der Phasenbreite $\varepsilon_\alpha(t)$ von der Wurzel der Zeit und dem Diffusionskoeffizienten sowie einem noch zu bestimmenden Faktor γ_α dargestellt:

$$\varepsilon_\alpha(t) = \gamma_\alpha \sqrt{4Dt} \tag{18}$$

wobei sich der Proportionalitätsfaktor γ_α aus der Lösung der Gleichung:

$$\gamma_\alpha \cdot \sqrt{\pi} \cdot e^{\gamma_\alpha^2} \cdot \left(1 + erf(\gamma_\alpha)\right) = \frac{\left(C_0 - C_{\alpha\beta}\right)}{\left(C_{\alpha\beta} - C_{\beta\alpha}\right)} \tag{19}$$

ergibt [RAY07]. C_0 ist dabei durch die Oberflächenkonzentration gegeben, $C_{\alpha\beta}$ ist die Konzentration an der Grenze zwischen Phase α und β auf Seite der Phase α und $C_{\beta\alpha}$ entspricht der Konzentration an der Phasengrenze auf Seite der Phase β. Mit Kenntnis von ε_α kann nun der Verlauf innerhalb der Phase α durch:

$$C(x,t) = C_o - \frac{\left(C_0 - C_{\alpha\beta}\right)}{erf(\gamma_\alpha)} erf\left(\frac{z}{\sqrt{4Dt}}\right) \tag{20}$$

berechnet werden. Die Konzentration innerhalb der letzten Phase, also im reinen Metall mit interstitiell gelöstem Stickstoff bis zur Löslichkeitsgrenze, verläuft wieder analog zu (8). Sie entspricht dem Konzentrationsgradienten eines Diffusionsprofils aus unendlicher Quelle.

2.5 Modellierung mittels spezieller Lösungen der Diffusionsgleichungen

Um die Ergebnisse der GDOES-Messungen, die in Kap. 4.5 aufgeführt sind, mit den theoretischen Überlegungen zu vergleichen, wurden die Diffusionsprofile mit Hilfe der in Kapitel 2.4.2 vorgestellten Ansätze berechnet. Für die Darstellung der theoretischen

Diffusionsverläufe wurde auf Literaturwerte für die Existenzbereiche der auftretenden Phasen und deren Diffusionskoeffizienten zurückgegriffen. Im Folgenden werden die Annahmen erläutert, die für die Modellierung gemacht wurden.

Die Stickstoffverläufe unter N_2 Atmosphäre wurden nach dem Mehrphasenmodell von [RAY07] berechnet. Dabei wurde der Einfluss der Beschichtung auf die Diffusion aus der Gasphase außer Acht gelassen, da der Anteil an Stickstoffatomen in der ABSE-Schicht im Vergleich zu den Atomen in der Gasphase sehr klein ist. Des Weiteren soll angenommen werden, dass Stickstoff aus der Atmosphäre aufgrund der geringen Dicke sowie dem Porennetzwerk der Schicht, welches während der Pyrolyse entsteht, direkt mit dem Substrat reagieren kann. So sind die Bedingungen für ein unendliches Reservoir an Stickstoffatomen an der Metalloberfläche gegeben. Diese Annahme wird durch die Ergebnisse von Greil und Torrey et al. gestützt, welche zeigen konnten, dass auch in gefüllten Schichten von bis zu 20 µm Dicke eine Reaktion zwischen der Stickstoffatmosphäre und den Füllern stattfinden konnte, die Schicht also die Diffusion aus der Gasphase nicht nennenswert behindert [GRE95, TOR06]. Ob dies auch für längere Pyrolysezeiten $t >> 1$ h gilt, wenn die Keramisierung abgeschlossen ist und die Schicht keine Porositäten mehr aufweist, soll durch Vergleich der Ergebnisse mit den Modellen bestimmt werden.

Unter diesen Annahmen kann beispielsweise der theoretische Diffusionsverlauf für Stickstoff in Hafnium nach 10 h bei 1000 °C berechnet werden (Abb. 2.15).

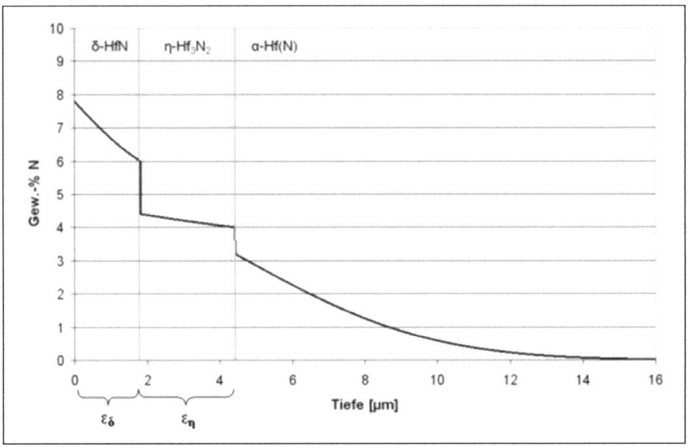

Abb. 2.15: Stickstoffdiffusion aus Atmosphäre in Hafnium bei 1000 °C nach 10 h unter Berücksichtigung der Phasenumwandlungen

Der Diffusionskoeffizient von Stickstoff in Hafnium beträgt bei einer Temperatur von 1000 °C 4,10 · 10^{-17} m²/s in δ-HfN_{1-x}, 2,18 · 10^{-16} m²/s in η-Hf_3N_{2-x} [LEN96] und 2,43 · 10^{-17} m²/s in α-Hf(N) [BRE09]. Unter der Annahme, dass alle Phasen auftreten, die nach dem Phasendiagramm bei einer Temperatur von 1000 °C stabil sind (Die Phase ζ-Hf_4N_3 existiert erst ab etwa 1225 °C (vgl. Abb. 2.2)) und den gemessenen Existenzbereich aufweisen, würde die Stickstoffkonzentration in Abhängigkeit der Tiefe dem in Abb. 2.15 dargestellten Verlauf entsprechen.

Für die Diffusionsvorgänge in inerter Atmosphäre wird auf das simplere Modell der Berechnung der Diffusion aus endlicher Quelle zurückgegriffen. Diese Lösung ist für Multiphasensysteme nicht vollständig richtig, aber da die zu erwartende Diffusionszone entweder im Bereich weniger 100 nm liegt oder nur einen sehr geringen Gehalt an Kohlenstoff bzw. Stickstoff aufweist (vgl. Abb. 2.14), können die auftretenden Phasen mit den verwendeten Methoden nicht mehr aufgelöst werden. Somit sollte dieses Modell eine ausreichend gute Näherung für die Diffusionsverläufe darstellen, welche in inerter Atmosphäre ablaufen. Beispielsweise beträgt der Diffusionskoeffizient von Kohlenstoff in α-Nb bei 1000 °C 1,56·10^{-18} m²/s [RAF98]. Damit würde der Kohlenstoffverlauf in Niob nach Pyrolyse für 10 h bei 1000 °C folgendermaßen aussehen (s. Abb. 2.16):

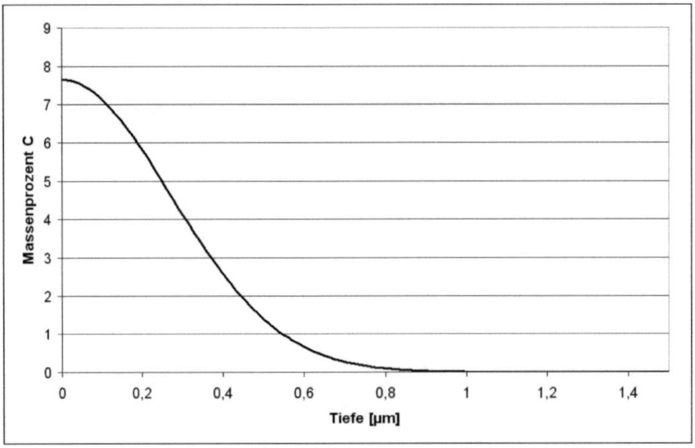

Abb. 2.16: Kohlenstoffdiffusion aus der ABSE-Schicht (endlicher Quelle) in Niob bei 1000 °C nach 10 h

Wenn der Vergleich der Modellsysteme eine gute Übereinstimmung mit den experimentellen Ergebnissen zeigt, kann dieser Ansatz auch auf andere Kombinationen von Precursoren und Substratmaterialien übertragen werden, sofern sie vergleichbare Eigenschaften besitzen und auch interstitielle Carbide und Nitride bilden. Selbst für Legierungen könnten Dicke und Zusammensetzung der Gradientenschicht dann theoretisch vorhergesagt werden und es wäre keine aufwändige experimentelle Vorarbeit mehr nötig.

2.6 Fehlerrechnung und Statistik

Naturgemäß sind die Messwerte, mit denen die theoretischen Diffusionsverläufe berechnet wurden, fehlerbehaftet und deren Fehler pflanzen sich in der Berechnung der Diffusionsprofile fort. Im Folgenden soll die Fehlerfortpflanzung und die daraus resultierenden Fehlergrenzen diskutiert werden.

Wie in Kapitel 2.4.2 beschrieben werden die Breiten der Phasen über die Formel $\varepsilon_\alpha = \gamma_\alpha\sqrt{4Dt}$ bestimmt. Aus dem Faktor γ_α lässt sich die starke Abhängigkeit der Phasenbreite von den Existenzbereichen der Phasen im Phasendiagramm erkennen, aus welchem die Konzentrationen C_0, $C_{\alpha\beta}$ und $C_{\beta\alpha}$ bezogen werden. Aus den Abweichungen zwischen den Phasendiagrammen, die von den verschiedenen Gruppen bestimmt wurden, ist ersichtlich, dass die Werte für C_0, $C_{\alpha\beta}$ und $C_{\beta\alpha}$ Unterschiede von ca. 0,5 - 1 At.-% aufweisen können. Im ungünstigsten Fall hätten diese Abweichungen von 0,5 At.-% aufgrund der starken Auswirkung auf γ einen maximalen Fehler bei der Bestimmung der Phasenbreite von 30 % zur Folge. Auch die Berechnung des Diffusionskoeffizienten ist stark fehlerbehaftet. Speziell der Fehler der gemessenen Aktivierungsenergie pflanzt sich aufgrund der exponentiellen Abhängigkeit sehr stark fort. Da $D = D_0 \cdot \exp(-Q/kT)$, ist der Fehler ΔD von D:

$$\Delta D = \Delta D_0 \cdot \left|\frac{\partial D}{\partial D_0}\right| + \Delta Q \cdot \left|\frac{\partial D}{\partial Q}\right| \tag{21}$$

was explizit zu folgender Abhängigkeit wird:

$$\frac{\Delta D}{D} = \frac{\Delta D_0}{D_0} + \frac{\Delta Q}{kT} \tag{22}$$

Während der relative Fehler von D_0 sich linear fortpflanzt, multipliziert sich der Fehler der Aktivierungsenergie Q noch mit dem Boltzmann-Faktor 1/kT, wodurch sich ein Fehler von 1 % in Q im Temperaturbereich 800-1000 °C zu einem relativen Fehler von 20 % in D entwickelt. Dies zeigt die empfindliche Fehlerfortpflanzung bei der Berechnung des Diffusionskoeffizienten deutlich auf.

Zusätzliche Fehler ergeben sich noch aus der Tatsache, dass die Diffusionstiefen statistischen Schwankungen unterworfen sind. Zwei Proben, die mit identischen

Parametern hergestellt wurden, können Diffusionstiefen aufweisen, die um 2 - 3 µm voneinander abweichen. Fehler in der Kristallstruktur, Korngrenzen und Oberflächenbeschaffenheit können alle einen Einfluss auf die Eindringtiefe haben, welcher sich bei geringen Diffusionslängen sehr stark auswirkt. Über diesen Effekt wurde von Keller und Douglas bereits berichtet, als sie die Kinetik der Nitridierung von Niob untersuchten [KEL99]. Sie haben beobachtet, dass die Eindringtiefe von Stickstoff bei einer mittleren Eindringtiefe von beispielsweise 3,6 µm um ± 1,8 µm variieren kann. Der gemessene Wert kann also zwischen 2 µm und 5,6 µm schwanken. Bei größeren Eindringtiefen wird der relative Fehler deutlich geringer, da nur der absolute Fehler konstant bleibt.

3 Charakterisierungsmethoden

3.1 Röntgendiffraktometrie

Röntgendiffraktometrie, meist XRD („X-Ray Diffraction“) abgekürzt, ist eine in den Materialwissenschaften sehr gängige und zuverlässige Methode zur Bestimmung kristalliner Phasen. Einen guten Überblick findet man in [BOR95] und [MAS95]. Die Grundlagen für die Entwicklung des XRD hat Laue 1912 gelegt mit seiner Entdeckung der Röntgenbeugung an Kristallen. Auf Basis dieser Entdeckung entwickelten William Henry Bragg und sein Sohn William Lawrence Bragg die Röntgenbeugung zur Analyse von Kristallstrukturen, wofür sie 1915 mit dem Nobelpreis für Physik ausgezeichnet wurden.

Das Prinzip der Röntgenbeugung basiert auf dem Wellencharakter der Röntgenstrahlung. Wenn die Wellenlänge der auftreffenden Röntgenstrahlung in der Größenordnung des Abstandes der Gitterebenen eines Kristalls liegt, tritt Beugung auf. Die von den verschiedenen Ebenen gebeugten Wellen interferieren miteinander und der Gangunterschied zwischen den reflektierten Wellen lässt dabei konstruktive und destruktive Interferenz auftreten. Die von William Lawrence Bragg entwickelte Bragg-Gleichung beschreibt den Zusammenhang zwischen der Wellenlänge der Röntgenstrahlung λ, dem Abstand der Netzebenen d und dem Einfallswinkel θ.

$$n\lambda = 2d \sin\theta \tag{23}$$

Dabei ist n eine natürliche Zahl, welche die Beugungsordnung angibt. Da konstruktive Interferenz nur auftritt, wenn der Gangunterschied der Wellen gleich der Wellenlänge ist, kann aus dem Beugungsbild der Netzebenenabstand berechnet werden. Dabei ist n eine natürliche Zahl, welche die Interferenzen höherer Ordnung beschreibt. Somit kann man aus den Reflexen den Abstand der Netzebenen im reziproken Gitter berechnen. Durch Zuordnen der Reflexe zu den einzelnen Netzebenen kann die Gitterkonstante der Elementarzelle berechnet und dadurch die vorliegende Phase identifiziert werden. Da der Einbau von Kohlenstoff und Stickstoff sowohl die Kristallstruktur, als auch die Gitterkonstante verändert, eignet sich diese Methode zur Charakterisierung der verschiedenenn in Hafnium, Niob und Molybdän auftretenden Carbid- und Nitridphasen.

3.2 Glimmentladungsspektroskopie

3.2.1 Physikalische Grundlagen

Das wichtigste Instrument zur Charakterisierung der keramischen Schichten und der Diffusionsvorgänge im Übergangsbereich zwischen Metall und Keramik war die Glimmentladungsspektroskopie (kurz GDOES, von engl. „Glow Discharge Optical Emission Spectroscopy"). Die Methode erlaubt die tiefenabhängige Analyse der chemischen Zusammensetzung mit hoher Tiefenauflösung bis zu 25 - 60 nm, je nach Tiefe [ANG03]. Das GDOES wurde 1967 von Dr. Grimm in Hanau zur Bestimmung der chemischen Zusammensetzung von Metallen entwickelt [GRI68]. 1973 wurde die Glimmentladungsspektroskopie erstmals für die Tiefenprofilanalyse eingesetzt und in den 90ern durch Bengtson et al. entscheidend durch ein neu entwickeltes Quantifizierungsmodell verbessert [BEN94]. Im Folgenden soll die Funktionsweise dieser Charakterisierungsmethode dargestellt werden.

Die Analyse der Proben erfolgt nicht zerstörungsfrei, da das Prinzip der Glimmentladungsspektroskopie darauf basiert, dass durch Kathodenzerstäubung schichtweise Material von der Probenoberfläche abgetragen wird. Die abgesputterten Atome werden in einem Plasma durch Kollisionen mit Elektronen und ionisierten Gasatomen angeregt. Bei der Rückkehr in den Grundzustand wird elektromagnetische Strahlung im Wellenlängenbereich des sichtbaren Lichts ausgesendet, welche für jedes Element charakteristisch ist und in einem optischen Spektrometer gemessen werden kann. Grundsätzlich können nur leitfähige Proben mit dem GDOES untersucht werden, da es bei der Kathodenzerstäubung sonst zu Aufladungseffekten kommt. Mit Hilfe einer Hochfrequenz-Wechselspannungskathode besteht aber auch die Möglichkeit, nicht leitfähige Proben zu messen. Alternativ zum Spektrometer können auch CCD-Sensoren („charge-coupled device") für die Analyse der charakteristischen Strahlung eingesetzt werden. Das verwendete GDOES der Firma Spectruma Analytik GmbH mit der Bezeichnung GDA 750 verfügt auch über diese Möglichkeit zur Messung der Elementzusammensetzung. Eine ausführliche Zusammenfassung über Funktionsweise und Anwendungsgebiete der Glimmentladungsspektroskopie findet sich in [NEI03] und [BEN06].

Abb. 3.1 zeigt schematisch die Funktionsweise des GDOES. Argon-Atome (1) werden durch Anlegen einer Gleichspannung ionisiert (2) und aufgrund der Potentialdifferenz auf die als Kathode geschaltete Probe beschleunigt (3), welche mit einem Abstand von ca. 0,2 mm von der Anode separiert ist. Dadurch werden Atome von der Probe abgesputtert (4) und im Plasma durch Elektronenstöße angeregt (5). Aus dem angeregten Zustand (6) fällt das Atom zurück in den Grundzustand unter Aussendung eines Lichtquants hv charakteristischer Wellenlänge, welches in einem optischen Emissionsspektrometer analysiert wird. Die Fläche, von der Material abgetragen wird, ist gleich dem Anodendurchmesser, welcher 4 oder 2,5 mm betragen kann.

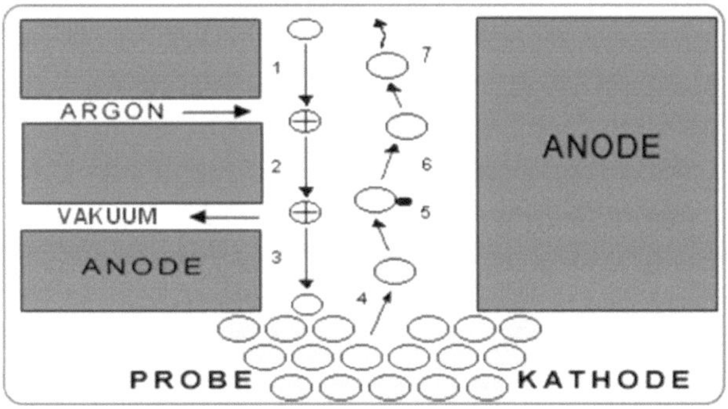

Abb. 3.1: Schematische Darstellung des GDOES Messprinzip [SPE09]

Die Trennung der Lichtquanten erfolgt auf einem Rowland-Kreis mit optischer Anordnung nach Paschen/Runge. Dies hat den Vorteil, dass alle charakteristischen Spektrallinien gleichzeitig gemessen werden können. Die Messung wird zeitabhängig aufgezeichnet, folglich ist der ausgegebene Verlauf die Intensität der Spektrallinien in Abhängigkeit von der Sputterdauer. Durch die Arbeiten von Bengtson et al. [BEN94] ist es möglich, diese Verläufe in Massenkonzentrationen über die Sputtertiefe umzurechnen. Dazu benötigt man Kalibrierproben bekannter Konzentration und Sputterrate, durch welche die quantitative chemische Zusammensetzung aus dem Intensitätsverlauf und die Tiefe aus der Sputterdauer bestimmt werden können. Da die Zerstäubungsrate stark von der Zusammensetzung abhängt, ist eine gründliche Kalibrierung mit möglichst vielen Kalibrierproben unterschiedlicher Zusammensetzung sehr wichtig.

Der Vorteile der Glimmentladungsspektroskopie ist vor allem, dass alle Elemente, selbst Wasserstoff, mit hoher Genauigkeit bis zu Nachweisgrenzen von 0,1 - 50 ppm bestimmt werden können. Durch die relativ schnelle Abtragung, im Gegensatz beispielsweise zur Sekundärionenmassenspektroskopie, ist die Messung bis in eine Tiefe von 100 µm möglich. Die hohe Tiefenauflösung und die gute Reproduzierbarkeit sind weitere Vorteile dieser Methode. Nachteilig sind die laterale Auflösung, welche

über 2 mm beträgt, und die Tatsache, dass nur plane Proben untersucht werden können. Auch die Verfügbarkeit von Kalibrierstandards für verschiedene Zusammensetzungen wenig gebräuchlicher Elemente ist eingeschränkt.
Aufgrund der voraussichtlichen Dicke der Gradientenschicht von wenigen Mikrometern und der chemischen Zusammensetzung, die viele leichte Elemente (C, N, O) beinhaltet, bietet die Glimmentladungsspektroskopie das bevorzugte Mittel zur Untersuchung der Proben. Sowohl die Tiefenauflösung als auch die Detektierbarkeit leichter Elemente machen dieses Verfahren zu einem geeigneten Mittel der Charakterisierung.

3.2.2 Kalibration und Fehlergrenzen

Für die qualitative Analyse der Elementzusammensetzung ist eine sehr sorgfältige Kalibration nötig, da die Bestimmung der chemischen Zusammensetzung stark von den Bindungsverhältnissen im Bulk und der damit verbundenen Sputterrate abhängt. Deswegen wurden für alle leichten Elemente mindestens drei Kalibrierstandards mit verschiedenen Zusammensetzungen verwendet, um eine möglichst exakte Regression der Kalibrierkurven zu erreichen. Er ist jedoch anzumerken, dass trotz gewissenhafter Kalibrierung ein nicht zu vernachlässigender Fehler in der Quantifizierung verbleibt, da die Messung der Kalibrierproben relativ großen statistischen Schwankungen unterworfen ist, wie aus der Kalibrierkurve von Stickstoff ersichtlich ist (s. Abb. 3.2). Somit lässt sich ein Fehler von ± 10 % allein aufgrund der Kalibration nicht unterschreiten. Besonders problematisch ist die korrekte Quantifizierung von Proben mit hohem Stickstoffgehalt, da keine Kalibrationsstandards mit mehr als 6,5 Gew.-% Stickstoffanteil vorlagen und die Kalibrationskurve für höhere Werte extrapoliert werden musste, was in fast allen Fällen zu einer Vergrößerung des Fehlers führt. Für den Anfangsbereich wurde der Fehler des Stickstoff- und Kohlenstoffverlaufs mit maximal 30 % angenommen, da sich hier viele Fehler aufsummieren. Neben den bekannten Fehlern wie statistischen Schwankungen durch die Messung der Standardproben, kommen hier weitere Fehlerquellen hinzu. Im Grenzbereich zwischen Keramik und Metall ändern sich die Bindungsverhältnisse und somit die Sputterraten, weswegen sich auch die Signalraten ändern. Außerdem treten hier Massenkonzentrationen auf, welche oberhalb des Kalibrationsbereiches liegen, was die Genauigkeit der Messung beeinträchtigt. Auch kommen Abweichungen aufgrund der nicht vollständig gleichmäßigen Grenzfläche zwischen Schicht und Substrat zustande. Mit zunehmender Sputtertiefe werden diese Abweichungen geringer. Für Messtiefen oberhalb von 1,5 - 2 µm und Massenkonzentrationen innerhalb des Kalibrationsbereiches wurde deshalb mit einem Fehler von 10 % gerechnet.

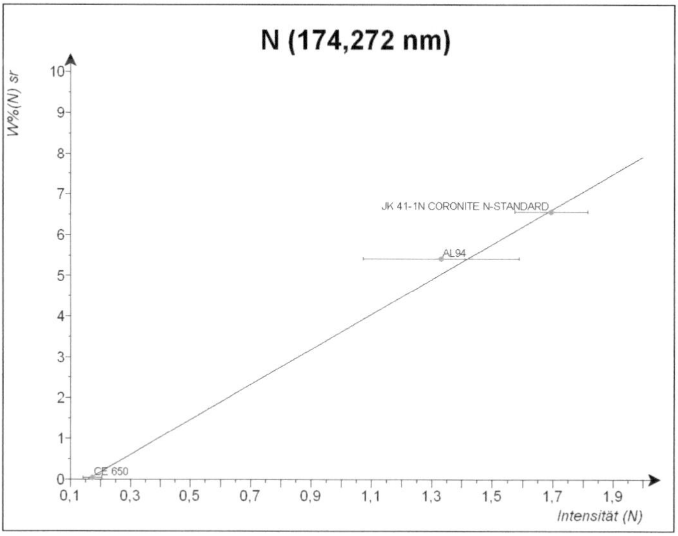

Abb. 3.2: GDOES-Kalibrationskurve für die quantitative Bestimmung von Stickstoff, gemessen an drei Kalibrierstandards mit Fehlerbalken

Ähnliches gilt auch für die Tiefenkalibration. Die Berechnung der Sputtertiefe erfolgt durch Umrechnung der Sputterdauer über die Sputterrate, welche sehr stark von den Bindungsverhältnissen in der Matrix abhängt. Für variable Zusammensetzungen, wie sie in Gradientenschichten vorliegen, kann die Sputterrate deswegen niemals exakt bestimmt werden, da diese sich in (nicht zwangsläufig linearer) Abhängigkeit von der Konzentration verändert. Besonders nahe an Phasengrenzen weicht die tatsächliche Sputterrate stark von der theoretischen ab, da die Bindungsverhältnisse hier die größten Abweichungen von denen im Bulk aufweisen. Die Sputterrate, die aus der Messung der Grabentiefe errechnet wird, erlaubt aus diesem Grund nur eine Genauigkeit von ± 1 - 2 µm bei der Tiefenkalibration. Im Gegensatz zur Elementquantifizierung kann die Sputterrate jedoch besser nachgeprüft werden, indem die tatsächliche Grabentiefe mit der aus der Sputterrate berechneten Tiefe verglichen wird und die Tiefenberechnung gegebenenfalls angepasst wird. Somit können systematische Abweichungen bei der Tiefenkalibration besser ausgeglichen werden.

Es muss außerdem noch darauf hingewiesen werden, dass die GDOES-Messung den exakten Verlauf der Elemente aufgrund der lateralen Auflösung nicht korrekt darstellen kann. Scharfe Übergänge an Phasengrenzen können nicht beobachtet werden, da die Messung über einen kreisförmigen Bereich von 4 mm Durchmesser durchgeführt wird und die Phasengrenzen meist nicht exakt parallel zur Oberfläche liegen, sondern durch statistische Schwankungen unregelmäßige Tiefen aufweisen. Die Messung mittelt dann über einen gewissen Bereich, weswegen unstetige Übergänge im GDOES-Profil stetig aussehen können, was in Abb. 3.3 am Beispiel der Diffusionszone einer Hafniumprobe mit Hafniumnitridphasen in der Gradientenschicht skizziert ist. Die Konzentrationssprünge an den Phasengrenzen können aufgrund der lateralen Auflösung des GDOES nicht exakt detektiert werden, sondern erscheinen als stetige Konzentrationsverläufe.

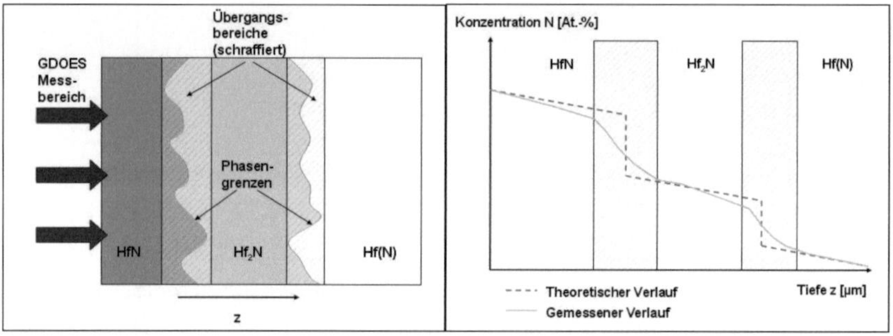

Abb. 3.3: Schematische Darstellung des Unterschieds zwischen in GDOES gemessenen Stickstoffprofil und theoretisch berechnetem Verlauf

3.3 Elektronenmikroskopie/Energiedispersive Röntgenspektroskopie

Rasterelektronenmikroskopie ist eine in den Materialwissenschaften häufig genutzte Methode zur Abbildung von Oberflächen. Sie basiert auf der Wechselwirkung eines Elektronenstrahls mit den Elektronenhüllen der Atome nahe der Oberfläche einer Probe. Die Funktionsweise ist vom 1931 von Ruska und Knoll entwickelten Durchstrahlungsmikroskop abgeleitet. Mit Hilfe von magnetischen Linsensystemen kann der Elektronenstrahl über die Probenoberfläche bewegt werden, was den Bau des Rasterelektronenmikroskops ermöglicht hat. Eine Zusammenfassung über die Grundlagen der Elektronenmikroskopie findet man in [FLE05] und [REI98].

Die Erzeugung des Elektronenstrahls im verwendeten Gerät erfolgt über eine Feldemissionskathode. Magnetspulen fokussieren den Elektronenstrahl und rastern die Oberfläche der Probe ab. Beim Auftreffen des Elektronenstrahls lösen sich Elektronen aus dem Material, welche sich von einem Detektor registrieren lassen, wodurch ein

Bild der Topographie der Probenoberfläche entsteht. Neben den Sekundärelektronen entstehen noch weitere Signale, die Informationen über die Probenoberfläche liefern. Elektronen des Primärstrahls, die zurückgestreut werden, können detektiert werden, um Aussagen über die Zusammensetzung der Probe zu machen. Da schwere Elemente die Primärelektronen stärker zurückstreuen, sorgen sie für ein stärkeres Signal, wodurch dieser Bereich aus der Abbildung heller erscheint. Dies erlaubt es, Unterschiede in der chemischen Zusammensetzung der Oberfläche abzubilden.

Die dritte wichtige Wechselwirkung ist die Erzeugung von Röntgenstrahlen, die entstehen, wenn Elektronen höherer Schalen in die Orbitale kernnaher Elektronen fallen, welche durch die Primärelektronen herausgeschlagen wurden. Da die Energie dieser Röntgenstrahlen für jedes Element charakteristisch ist, erlaubt die energieaufgelöste Detektion dieser Signale eine Bestimmung der chemischen Zusammensetzung der Probenoberfläche. Diese Analysemethode nennt sich energiedispersive Röntgenspektroskopie, kurz EDX (von engl. „Energy Dispersive X-Ray"). Nachteilig ist die schlechte Quantifizierung leichter Elemente wie Kohlenstoff und Stickstoff, da die Signale dieser Elemente sehr geringe Energien haben und auf dem Weg zur Probenoberfläche teilweise von schwereren Atomen absorbiert werden.

Zum Einsatz kam in dieser Arbeit ein REM vom Typ 1540EsB der Firma Zeiss, welches bei einer Beschleunigungsspannung von maximal 30 kV eine Auflösung von bis zu 1,0 nm erreichen kann. Zusätzlich verfügt das Gerät über eine Focused Ion Beam Vorrichtung in Cross Beam Anordnung, mit dem mit Hilfe eines Gallium-Ionenstrahls in situ Querschliffe, u. a. für die Analyse im Transmissionselektronenmikroskop, hergestellt werden können. Zur Elementanalyse ist das Gerät mit einem Thermo Noran System Six EDX System ausgestattet.

3.4 Transmissionselektronenmikroskopie

Die Transmissionselektronenmikroskopie, kurz TEM, erlaubt eine extrem hohe Auflösung und kann zur detaillierten Untersuchung der Diffusionszone eingesetzt werden. Das verwendete Gerät Libra 200 FE der Firma Zeiss weist eine Beschleunigungsspannung von 200 kV auf und erlaubt die Aufnahme von TEM- und STEM-Bildern. Im STEM-Modus wird die Oberfläche vergleichbar zur Rasterelektronenmikroskopie mit einem fokussierten Elektronenstrahl abgerastert, wobei die transmittierten Elektronen des Primärelektronenstrahls zur Bildgebung benutzt werden. Zusätzlich können mit dem Transmissionselektronenmikroskop

Beugungsbilder aufgenommen werden, welche eine Analyse der Kristallstruktur und somit eine Aussage über die Zusammensetzung der Gradientenschicht und die entstandenen Phasenübergänge ermöglichen. Die Beugung der Elektronen am Kristallgitter verläuft analog zur bereits beschriebenen Röntgenbeugung, da sich die Elektronen bei den im TEM erreichten Geschwindigkeiten ähnlich wie elektromagnetische Wellen verhalten. Die Auswertung der Beugungsbilder erfolgte mit dem Programm JEMS (Java Electron Microscopy Simulation), welches von Prof. Pierre Stadelmann von der Universität Lausanne entwickelt wurde.
Die Präparation der Proben für die Untersuchung im TEM wurde mit Hilfe des FIB Verfahren (Focused Ion Beam) im Rasterelektronenmikroskop durchgeführt. Diese Technik erlaubt es, einen Querschliff herzustellen, indem eine Lamelle mit einem Ionenstrahl aus der Probenoberfläche herausgeschnitten und poliert wird, bis sie dünn genug ist, um im TEM durchstrahlbar zu sein.

3.5 Elektronenstrahlmikroanalyse

Die Elektronenstrahlmikroanalyse, kurz EPMA (von engl. electron probe micro-analysis), dient der Analyse der chemischen Zusammensetzung einer Probe durch Anregung charakteristischer Röntgenstrahlung mittels eines Elektronenstrahls wie in der energiedispersiven Röntgenspektroskopie im Rasterelektronenmikroskop. Durch Kopplung mehrerer WDX-Detektoren (wave dispersive x-ray spectroscopy) zur wellendispersiven Analyse kann allerdings bei Verwendung entsprechender Standardproben eine deutlich höhere Genauigkeit als in der EDX Messung erzielt werden. Das verwendete JEOL JXA-8200 kombiniert dazu die Signale aus fünf WDX-Detektoren mit insgesamt 14 Kristallen, welche die emittierte Röntgenstrahlung spektral auflösen und auch die quantitative Bestimmung leichter Elemente bis Beryllium ermöglichen. Dabei kann eine laterale Auflösung bis zu 1 μm erreicht werden, wodurch die chemische Zusammensetzung der Diffusionszone an keramographisch präparierten Querschliffen mit hoher Genauigkeit analysiert werden kann.

3.6 Adhäsionstests

Die Adhäsion der Schichten wurde qualititativ mit Hilfe der Gitterschnittmethode nach DIN EN ISO 2409 untersucht. Dazu wird die Schicht nach einem festgelegten Verfahren eingeritzt. Nach Entfernen von abgetragenem Material von der Oberfläche wird ein Klebeband auf die eingeritzte Stelle aufgebracht und im 60° Winkel abgezogen. Die Untersuchung erfolgt optisch einerseits durch Beurteilung der Schnittränder, andererseits durch den Flächenanteil, der beim Abziehen des Klebebands abgelöst wurde. Daraus erhält man den Gitterschnittkennwert der aufgebrachten Schicht, welcher von GT 0 bis GT 5 eingeteilt ist. GT 0 ist dabei der beste Wert für die Schichtadhäsion, wenn durch Einritzen und Abzugstest keine Schichtanteile abgelöst wurden bzw. abgeplatzt sind. Haben sich mehr als 65 % der Schicht abgelöst, ist der Kennwert der untersuchten Schicht GT 5.

3.7 Mikrohärtemessung

Die Bestimmung der Oberflächenhärte erfolgte mit dem Mikrohärtemesssystem Fischerscope H100, welches die Martenshärte nach EN ISO 14577 1 - 3 im Lastbereich 0,4 bis 1000 mN ermittelt. Da die hergestellten Schichten weniger als 1 µm dick sind, kann die Oberflächenhärte nur mit Hilfe der Mikrohärte exakt bestimmt werden. Bei Härtemessungen im Bereich oberhalb von 1 N würde der Eindringkörper die Schicht komplett durchdringen und die Härte des Substrats messen. Durch Indentation im mN-Bereich kann die Eindringtiefe auf weniger als 100 nm beschränkt werden, um sicherzustellen, dass nur die Oberflächenhärte, also die Härte der Beschichtung gemessen wird. Als Prüfkörper dient eine Vickerspyramide, welche mit der eingestellten Kraft in die Probenoberfläche gedrückt wird. Gemessen wird die Eindringtiefe in Abhängigkeit der aufgebrachten Kraft, welche unter Berücksichtigung der Geometrie der Spitze in den Härtewert HM nach Martens umgewandelt wird:

$$HM = \frac{F}{A} \tag{24}$$

Dabei ist F die Prüflast und A die eindringende Oberfläche des Prüfkörpers. HM wird gewöhnlich in MPa oder N/mm² ausgedrückt. Der Unterschied zur Bestimmung der Härte nach Vickers ist, dass die Fläche des Eindrucks A nicht direkt ausgemessen wird, sondern über die Eindringtiefe umgerechnet wird.

3.8 Oxidationsversuche

Um die Verbesserung der Oxidationsbeständigkeit der beschichteten Proben gegenüber den unbeschichteten Grundmaterialien zu testen, wurden beschichtete und unbeschichtete Proben unter Luft oxidiert. Durch Messung der Gewichtszunahme lässt sich der Einfluss der Precursorschicht auf die Oxidationsbeständigkeit untersuchen.

Der verwendete Ofen war ein HT 04/18 der Firma Nabertherm GmbH. Die Aufheizrate betrug jeweils 5 K/min, wobei als Auslagerungstemperatur 400 °C für die Niobproben, 500 °C für die Molybdänproben und 700 °C für die Hafniumproben gewählt wurden, da die reinen Metalle bei jeweils diesen Temperaturen deutliche Oxidation zeigten. Die Auslagerungsdauer wurde zwischen 1 und 50 h variiert.

4 Ergebnisse und Diskussion

Das Ziel der vorliegenden Arbeit war die Herstellung von Gradientenschichten auf Übergangsmetallen mittels reaktiver Precursorbeschichtung. Durch chemische Reaktionen im Grenzbereich zwischen Metall und Keramik kann eine sehr gute Haftung der Schichten erzielt werden. Per Diffusion können Elemente aus der Precursorschicht mit der Oberfläche des Metallsubstrats reagieren, wodurch neue Phasen im Bereich der Grenzfläche ausgebildet werden und sich die Anbindung der Keramik auf dem Metall erheblich verbessert. Eine derartige starke Verbindung zwischen den unterschiedlichen Materialgruppen ist die Voraussetzung für die Herstellung eines neuartigen Bulk-Kompositwerkstoffes, welcher die positiven Eigenschaften beider Materialklassen vereint.
Aus diesem Grund wurden die chemischen und physikalischen Vorgänge, die während der Pyrolyse zwischen Precursorschicht und Substrat ablaufen, sorgfältig untersucht, um ein tieferes Verständnis für die Wechselwirkung zwischen den Materialien zu erlangen. Von primärem Interesse war die Charakterisierung der Phasen, welche während der Wärmebehandlung entstehen, und in welchem Zusammenhang diese zu den verwendeten Prozessparametern stehen. Zu Beginn wurde mit Hilfe der Röntgendiffraktometrie analysiert, welche Verbindungen unter welchen Bedingungen entstehen, woraufhin theoretische Vorhersagen über deren Verlauf in Abhängigkeit der Herstellungsbedingungen gemacht werden und mittels Glimmentladungsspektroskopie (GDOES) überprüft werden konnten. Des Weiteren wurde die Verbindungsschicht an Querschliffen mittels Elektronenmikroskopie bzw. optischer Mikroskopie betrachtet. Neben Rasterelektronenmikroskopie kamen dabei auch Mikrosonden-Analyse und Transmissionselektronenmikroskopie zum Einsatz. Zuletzt wurden noch Experimente an den hergestellten Schichten durchgeführt, um zu untersuchen, inwieweit sich die keramischen Beschichtungen auf die Oberflächenhärte und der Oxidationsbeständigkeit der Proben auswirken. Im Folgenden soll zuerst auf die Herstellung der Proben eingegangen werden, bevor die Ergebnisse der Charakterisierung der Gradientenschichten vorgestellt werden.

4.1 Substratvorbehandlung und Probenherstellung

Die Hafnium-, Niob- und Molybdänsubstrate wurden von der Firma Hauner HMW in Röttenbach in 99,9-prozentiger Reinheit mit den Abmessungen 25 x 50 x 1 mm geliefert. Vor der Beschichtung wurden die Substrate mit SiC-Papier der Körnung 220 µm geschliffen und mit 9 und 3 µm Diamantsuspension auf einen Mittenrauhwert R_A von kleiner 0,1 µm poliert (Gemittelte Rauhtiefe $R_Z < 0,5$ µm). Die Präparation der Oberflächen war für die Untersuchung der Grenzflächeneffekte sehr wichtig, um die Messgenauigkeit der GDOES-Untersuchungen zu erhöhen (vgl. Kap. 3.2.2). Nach dem Polieren wurden die Proben für 20 min in Aceton im Ultraschallbad gereinigt.
Die Beschichtung erfolgte durch das in Kapitel 2.3.2 beschriebene Tauchbeschichtungsverfahren mit einer Zuggeschwindigkeit von 1,94 mm/s. Der Precursor ABSE lag in Toluol gelöst in 20-prozentiger Konzentration vor. Der Tauchbeschichter RDC 10 der Firma Bungard Elektronik GmbH & Co. KG befindet sich unter Stickstoffatmosphäre in einer Glovebox, um den Einbau von Sauerstoff in die Precursorschicht vor der Pyrolyse zu vermeiden. Der Tauchbeschichter gewährleistet eine exakte Einstellung der Geschwindigkeit, mit der die Proben aus der Lösung gezogen werden, und somit eine hohe Reproduzierbarkeit der resultierenden Schichtdicken (vgl. Kapitel 2.3.2). Die beschichteten Proben wurden in einem Glasschiffchen mittels einer Glasschleuse in einen Rohrofen vom Typ RO 10/100 der Firma Heraeus transportiert, welcher unter Schutzgas betrieben wurde, um Sauerstoffverunreinigungen aus der Atmosphäre zu vermeiden. Die Ofenatmosphäre war entweder 99,998 % reines Argon (Riessner Gase, Argon 4.8, UN 1006, $O_2 \leq 3$ vpm) bzw. 99,999 % reiner Stickstoff (Riessner Gase, Stickstoff 5.0, UN 1066, $O_2 \leq 4$ vpm), was auch in anderen Arbeiten für die Pyrolysebedingungen gewählt wurde [MUC94b, TOR07b]. Somit konnte die Pyrolyse entweder unter Inertbedingungen (Ar) oder reaktiver Atmosphäre (N_2) stattfinden. Der Gasstrom wurde während der Pyrolyse konstant bei 200 cm³/min gehalten (vgl. [MUC94]). Als Heiz- und Abkühlrate wurden in Anlehnung an die Arbeiten von Günthner [GUE10] 3 K/min gewählt. Bei einer zu großen Heizrate können Risse in den Schichten aufgrund des Dichtezuwachses sowie der Unterschiede in den thermischen Ausdehnungskoeffizienten zwischen Substrat und Precursor und der damit verbundenen mechanischen Belastung entstehen [LOH00]. Die Temperatur wurde zwischen 800, 1000 und 1300 °C variiert, die Haltezeit zwischen 1, 10 und 100 h.

4.2 Thermogravimetrische Untersuchungen

In den Voruntersuchungen per Thermogravimetrie zeigten die Übergangsmetalle Hafnium und Niob eine starke Affinität zur Aufnahme von Stickstoff aus der Atmosphäre und somit zur Bildung von Nitriden, während für Molybdän bis 1500 °C unter 1 bar N_2-Druck keine Reaktion mit Stickstoff zu beobachten war (s. Abb. 4.1).

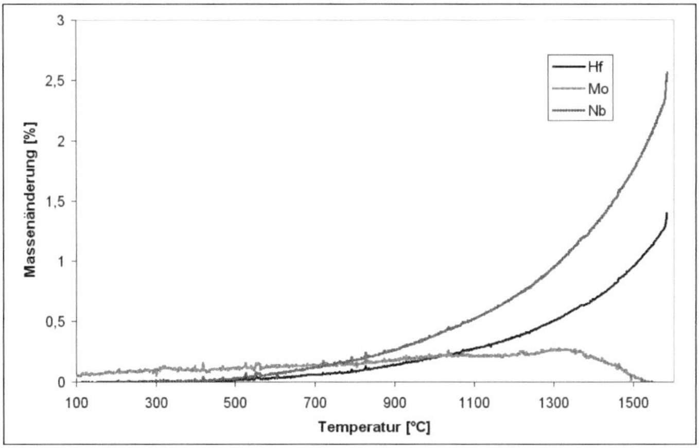

Abb. 4.1: Thermogravimetriemessungen der verwendeten Metallsubstrate unter Stickstoffatmosphäre mit Heizrate 3 K/min

Dies lässt vermuten, dass sich unter Stickstoffatmosphäre in Hafnium und Niob primär Nitridphasen ausbilden werden, wogegen für Molybdän keine Nitridbildung zu erwarten ist. Aufgrund der geringen Oxidationsbeständigkeit der verwendeten Metalle wurde die Herstellung unter Ausschluss von Sauerstoff durchgeführt, um Oxidation der Metalle während der Pyrolyse zu verhindern. Dennoch lässt sich bei längerer Auslagerungszeit trotz der Reinheit des Prozessgases wegen der hohen Affinität zur Oxidation ein Einbau von Sauerstoff in die Proben nicht gänzlich vermeiden.

4.3 REM-Charakterisierung von keramischer Schicht und Diffusionszone

Mit Hilfe der Rasterelektronenmikroskopie (REM) wurde die Qualität der Schichtoberfläche auf Rissfreiheit, Gleichmäßigkeit oder Abplatzungen inspiziert; die Untersuchung der Gradientenschichten erfolgte an eigens präparierten Querschliffen. In Abb. 4.2 ist die Diffusionszone zu erkennen, die mittels der Focused-Ion-Beam Methode (FIB) an einem mit ABSE beschichteten Niobsubstrat freigelegt wurde. Der

Diffusionsbereich ist ca. 3 - 4 µm dick, was sich mit den GDOES Messungen deckt. Deutlich erkennbar sind auch die Unterschiede in der Diffusionstiefe, wie schon in Kapitel 2.6 angesprochen. Die keramische Schicht kann in diesem Querschnitt nicht mehr aufgelöst werden, da sich beim Schneiden mit dem Ionenstrahl keine saubere Kante ausbildet.

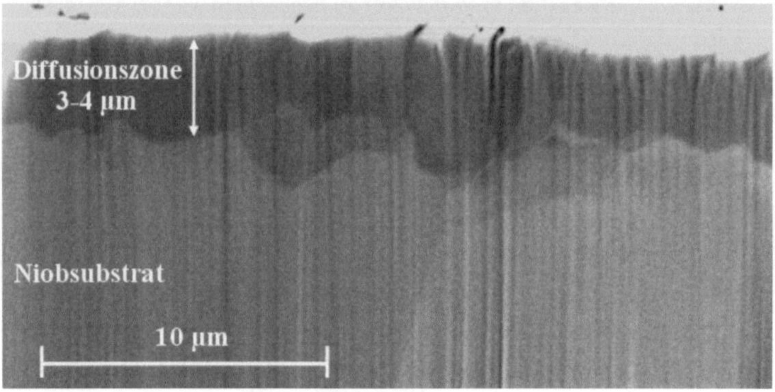

Abb. 4.2: REM-Aufnahme der Stickstoffdiffusionszone einer mit ABSE beschichteten Niobprobe nach Pyrolyse für 10 h bei 1000 °C unter Stickstoff, präpariert mittels Focused-Ion-Beam Methode

Mit Hilfe des Rückstreuelektronendetektors kann der Materialkontrast aufgenommen werden. Damit ist es möglich, die unterschiedlichen Phasen in der Diffusionszone zu erkennen. Da sich die verschiedenen Nitridphasen in der Gradientenschicht durch ihren Stickstoffgehalt unterscheiden, erscheinen sie im Rückstreuelektronenbild in unterschiedlicher Helligkeit. Somit kann der Unterschied der chemischen Zusammensetzung in der Diffusionszone einer Niobprobe, die für 10 h bei 1300 °C unter Stickstoff pyrolysiert wurde, im Rückstreueelektronendetektor abgebildet werden. Dadurch ist erkennbar, dass sich in der Gradientenschicht zwei Phasen mit verschiedener chemischer Zusammensetzung gebildet haben (s. Abb. 4.3). Dies deckt sich mit dem Phasendiagramm Niob-Stickstoff (s. Abb. 2.5), in dem bei 1300 °C zwei stabile Nitridphasen existieren, eine NbN und eine Nb_2N Phase.

Es kann daher angenommen werden, dass es sich bei den beiden Bereichen um NbN bzw. Nb_2N handelt. EDX-Punktmessungen in den unterschiedlichen Bereichen konnten die Annahme bekräftigen, dass es sich bei den beiden Phasen um NbN bzw. Nb_2N handelt. Da jedoch die Genauigkeit dieser Methode für leichte Elemente nicht sehr hoch ist (s. Kap. 3.3), müssen diese Messungen mit weiteren Untersuchungen verifiziert werden (vgl. die Ergebnisse in Kap. 4.4.2, 4.5.2, 4.6 und 4.7).

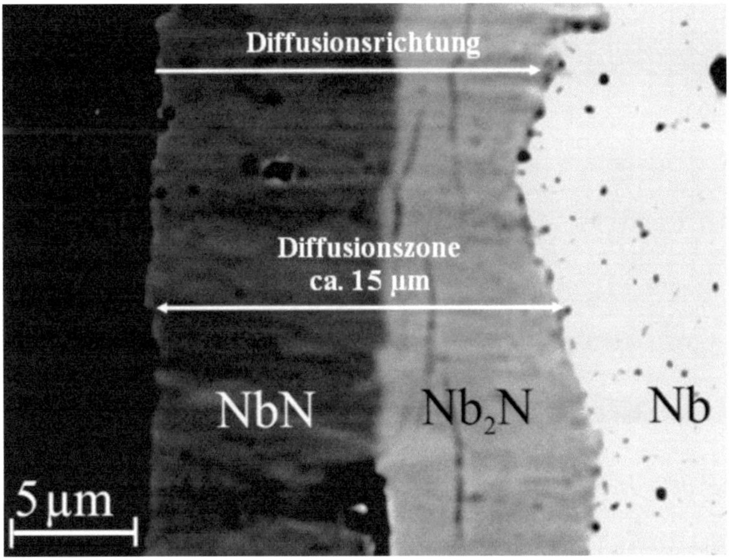

Abb. 4.3: Rückstreueelektronenbild der Diffusionszone einer mit ABSE beschichteten Niobprobe nach Pyrolyse für 10 h bei 1300 °C unter Stickstoff

Am unteren Teil der Probe entsteht durch die Tauchbeschichtung eine sog. Ablaufkante, an welcher sich nach dem Herausziehen aus der Lösung die herablaufende Beschichtungslösung ansammelt, wodurch die resultierende Keramikschicht oftmals die kritische Dicke überschreitet. Durch Bestimmung der Schichtdicke in diesem Bereich kann analysiert werden, ab welcher Dicke die Schicht nicht mehr stabil ist und beginnt sich vom Substrat abzulösen. Wie in Abb. 4.4 zu erkennen ist, beginnt sich die Schicht an der Ablaufkante ab einer Dicke von ca. 1 µm abzulösen. Dies deckt sich auch mit den Erkenntnissen von [GUE07, GUE10], der ebenfalls eine kritische Schichtdicke im Bereich von 1 µm für ABSE Beschichtungen auf Stahlsubstraten bestimmt hat. Erkennbar ist auch der Einebnungseffekt der Keramikschicht; trotz der Unebenheiten des Metallsubstrats ist die Precursorschicht gleichmäßig und plan und bedeckt die Oberfläche vollständig. Die Schichtdicke sollte so gewählt werden, dass die Keramikschicht einerseits das Substrat vollständig bedeckt, andererseits aber noch nicht die kritische Dicke überschreitet, ab der sich die Schicht während der Pyrolyse abzulösen beginnt (vgl. dazu [VET06]). Die Rauheit des Metallsubstrats bietet für die Beschichtung den Vorteil, dass die Kontaktfläche zwischen Schicht und Substrat größer wird, wodurch sich die Haftung verbessert.

Abb. 4.4: REM-Aufnahme der ABSE Schicht auf Niob im Bereich der Ablaufkante nach Pyrolyse für 10 h bei 1000 °C unter Stickstoffatmosphäre

Von Interesse ist auch die Beschaffenheit der keramischen Schicht selbst. Die Betrachtung der Schichtoberfläche zeigt eine geschlossene Schicht ohne Risse oder Abplatzungen wie in Abb. 4.5 und Abb. 4.6 zu sehen ist. Die Streifen auf den Oberflächen zeigen noch die Polierrichtung des letzten Polierschrittes, was aber keine Auswirkungen auf die Schicht hat, da sich dadurch keine Fehlstellen oder unbeschichtete Bereiche ergeben. Eine vollständige Bedeckung ist eine notwendige Voraussetzung, um eine Verbesserung der Oberflächeneigenschaften der Substratmaterialien zu erreichen.

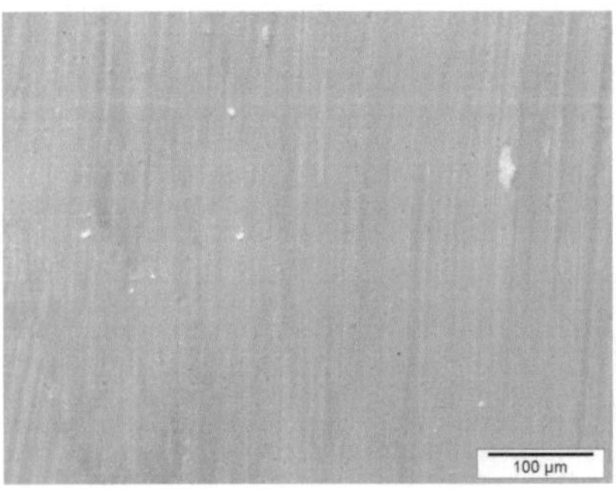

Abb. 4.5: REM-Aufnahme der ABSE-Schicht (Draufsicht) auf ***Hafnium*** *nach Pyrolyse für 10 h bei 1000 °C unter* N_2

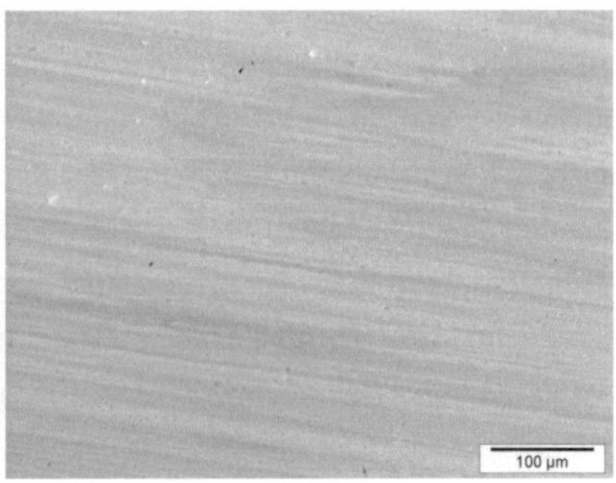

Abb. 4.6: REM-Aufnahme der ABSE-Schicht (Draufsicht) auf ***Niob*** *nach Pyrolyse für 10 h bei 1000 °C unter* N_2

Im mechanisch präparierten Querschliff tritt die Diffusionszone besonders deutlich hervor, da die Nitridschicht aufgrund ihrer großen Härte weniger stark abgetragen wird, als das umgebende Material. Dadurch lässt sich der Bereich, in dem die Nitride gebildet werden, sehr gut erkennen (s. Abb. 4.7)

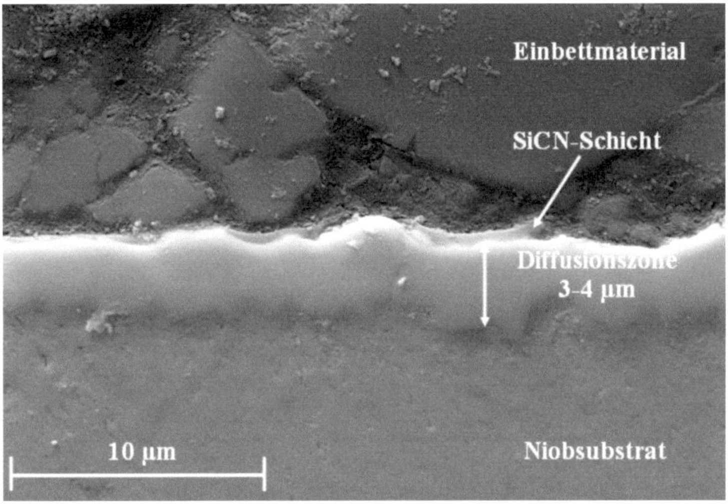

Abb. 4.7: REM-Aufnahme des Querschliffs einer mit ABSE beschichteten Niobprobe nach Pyrolyse für 10 h bei 1000 °C unter Stickstoff

Mit Hilfe der Energiedispersiven Röntgenspektroskopie (EDX) ist es möglich, die chemische Zusammensetzung im Diffusionsbereich zu untersuchen. Aufgrund der Energielücke des EDX-Detektors im Bereich von 300 eV ist eine quantitative Messung von leichten Elementen wie Stickstoff oder Kohlenstoff nicht möglich. Auch ist das laterale Auflösungsvermögen auf etwa 1 - 2 µm begrenzt, weswegen die Dicke der Gradientenschicht mindestens 10 µm betragen sollte, um ein sinnvolles Ergebnis zu erhalten. Aus diesem Grund wurde die EDX-Untersuchung an einer beschichteten Niobprobe durchgeführt, die für 10 h bei 1300 °C pyrolysiert wurde und eine Diffusionszone von ca. 15 µm aufweist, wie in der GDOES-Messung festgestellt wurde (vgl. Abb. 4.25). In Abb. 4.8 kann eine deutliche Erhöhung des Stickstoffgehalts im Randbereich festgestellt werden, was die Bildung von Nitriden in der Gradientenschicht nachweist.

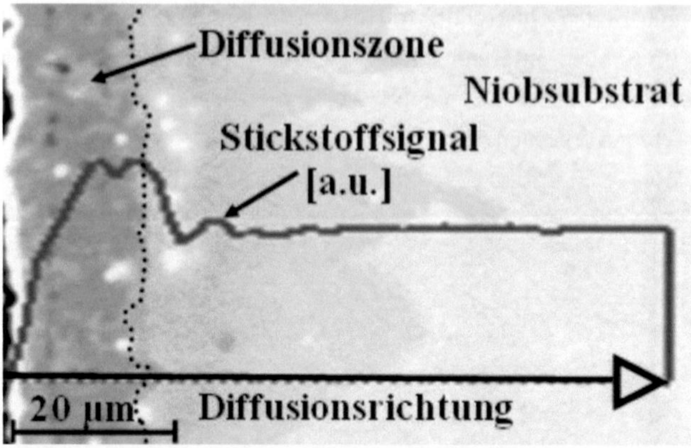

Abb. 4.8: REM-Aufnahme mit EDX-Linescan des Stickstoffgehalts am Querschliff einer mit ABSE beschichteten Niobprobe nach Pyrolyse für 10 h bei 1300 °C unter Stickstoff

4.4 Röntgendiffraktometrische Untersuchung der Gradientenschichten

Die Röntgendiffraktometrie, abgekürzt XRD wurde zur Bestimmung der kristallinen Phasen, die durch Reaktion der Metalle mit den Elementen aus dem Precursor und der Atmosphäre entstehen, eingesetzt. Damit konnten die während der Pyrolyse entstandenen Phasen qualitativ untersucht und erste Aussagen über die Reaktivität der Metalle gemacht werden. Auf Basis dieser Erkenntnisse war es dann möglich, ein Modell zu erstellen, welches den Verlauf der Phasen zwischen Keramik und Metall beschreibt, um es anschließend mit GDOES-Messungen zu bestätigen.
Die Auswertung der XRD Messungen untersuchte die gebildeten Phasen in Abhängigkeit der Prozessparameter Temperatur, Pyrolysedauer und Ofenatmosphäre (s. Kap. 4.1). Zuerst wurden die nitridbildenden Substrate Hafnium und Niob untersucht, da für diese unter Stickstoff eine besonders ausgeprägte Diffusionsschicht zu erwarten war, während in Molybdän die Bildung relativ schmaler Diffusionsbereiche vermutet wurde, da es nur mit dem in der Precursorschicht vorhandenen Kohlenstoff reagieren sollte. Bei einer Schichtdicke von < 1 µm und der Dichte von ABSE von 2,1 g/cm³ [WEI02] wird die Gradientenschicht zwischen Keramik und Substrat höchstens 500 nm Dicke bzw. nur einen sehr geringen Gehalt an Kohlenstoff aufweisen (vgl. Kap. 2.4.2 und Kap. 2.5). Für Hafnium und Niob unter Stickstoffatmosphäre ist die Dicke der Diffusionszone dagegen nicht durch die Dicke der Precursorbeschichtung begrenzt. Im Folgenden werden die Ergebnisse der XRD Messungen an den unterschiedlichen Substraten in Abhängigkeit der variierten Pyrolyseparameter diskutiert.

4.4.1 Phasenzusammensetzung der Diffusionszone in Hafnium

Wie in Kap. 4.2 gezeigt, reagiert Hafnium ab 800 °C mit Stickstoff, weswegen angenommen wird, dass sich unter Stickstoffatmosphäre eine deutliche Gradientenschicht aus Hafniumnitriden ausbildet. Der Anteil an Kohlenstoff und Stickstoff, der in der Precursorschicht zur Verfügung steht, ist sehr klein im Vergleich zum Stickstoff, der in der Pyrolyseatmosphäre in praktisch unbegrenzter Menge vorhanden ist. Deshalb ist zu erwarten, dass die Diffusionszone fast ausschließlich durch Reaktion des Hafniums mit dem Stickstoff aus dem Prozessgas gebildet wird. Aus dem Phasendiagramm des Hf-N Systems kann entnommen werden, dass α-Hafnium eine sehr hohe Löslichkeit bis 40 At.-% für interstitiellen Stickstoff besitzt. Bei Temperaturen bis ca. 1200 °C bestehen außerdem zwei weitere Phasen, η-Hf_3N_2 und δ-HfN. Nicht sicher ist dagegen, ab welcher Temperatur sich die Bildung der Hf_4N_3 Phase erwarten lässt. Nach Lengauer et al. [LEN96] tritt die Hf_4N_3 Phase bereits unterhalb von 1000 °C auf, während dies von Okamoto nicht beobachtet werden konnte [OKA90]. Im System Hf-C ist dagegen nur die stöchiometrische Phase HfC bestätigt [OKA90b].

Einfluss der Pyrolysedauer bei 1000 °C unter Stickstoffatmosphäre

Zuerst wurde die Abhängigkeit der Phasenbildung von der Auslagerungsdauer bei einer festen Temperatur von 1000 °C unter Stickstoffatmosphäre betrachtet (s. Abb. 4.9), da sich unter reaktiver Atmosphäre auf jeden Fall Phasen mit einer durch XRD detektierbaren Dicke ergeben sollten.

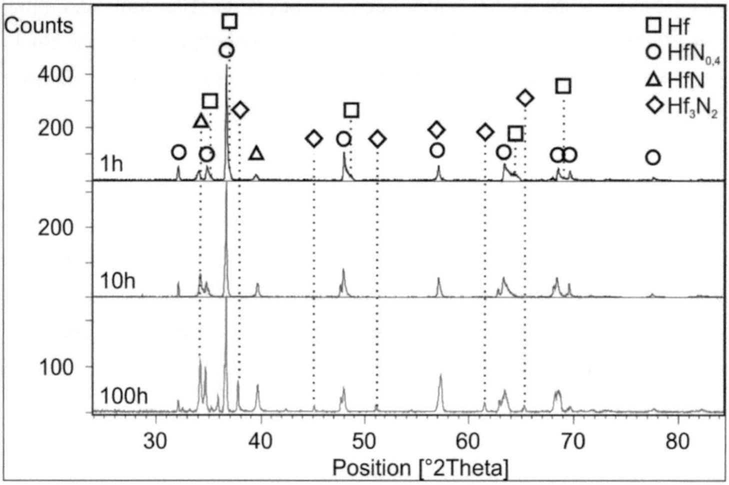

*Abb. 4.9: XRD-Spektren der mit ABSE beschichteten Hafniumproben nach Pyrolyse für **1, 10 und 100 h** bei 1000 °C unter N_2*

Nach 1 h ist bereits ein deutliches Signal der $HfN_{0,4}$ Phase in der XRD-Messung zu erkennen. Die Signale des reinen Hafniums sind schon nach einer Stunde deutlich kleiner als die Signale des Hafniumnitrids. Da die Bildung von HfN im Gegensatz zu $HfN_{0.4}$ mit einer Umwandlung der Kristallstruktur von einer hexagonal dichtesten Kugelpackung (hcp) zu einer kubisch dichtesten Kugelpackung (fcc) einhergeht (vgl. Kap. 2.1.1), läuft das Wachstum dieser Phase deutlich langsamer ab. Nach 10 h Auslagerungszeit ist das Signal der reinen Hf-Phase praktisch nicht mehr erkennbar. Die Peaks der δ-HfN Phase sind nun deutlich ausgeprägt, jedoch kann immer noch kein

Hf_3N_2 festgestellt werden. Erst nach 100 h taucht diese Modifikation erkennbar auf. Dies kann einerseits an der sehr geringen Dicke dieser Phase liegen, welche nach 1 - 10 h vermutlich nur wenige 100 nm beträgt. Es ist aber auch möglich, dass nicht alle Phasen auftreten, die nach dem Phasendiagramm bei dieser Temperatur zu erwarten wären, da die Zeit für die nötige Phasenumwandlung noch nicht ausreichend war (vgl. [WIL86]). Andere Hafnium-Modifikationen wie HfC oder $HfSi_2$ konnten nicht detektiert werden, was bedeutet, dass sie nur in sehr kleinen Mengen in der Diffusionszone vorkommen, oder dass deren Bildung aufgrund des hohen Angebots an Stickstoff zur Nitridbildung und der hohen Bildungsenthalpie von HfN sogar völlig unterdrückt wird.

Unter Berücksichtigung der Eindringtiefe der Röntgenstrahlung von Cu K_α in Hafnium kann die Tiefe, bis in welche Stickstoff hineindiffundiert ist, abgeschätzt werden. Bei einem Winkel von ca. 50° dringt die Strahlung ca. 7,5 µm tief in die Oberfläche ein. Wenn der Hf Peak allerdings noch partiell vorhanden ist, ist die Breite der Diffusionszone nur ein Bruchteil der Eindringtiefe der Röntgenstrahlung. Aufgrund der Relation der Peakhöhen des reinem Hafnium und des $HfN_{0.4}$, kann für die Dicke der Gradientenschicht nach 1 h ca. 5 µm angenommen werden. Da keine Phasenumwandlung stattfinden muss und die Diffusion interstitiell abläuft, kann dieser Prozess sehr schnell stattfinden, weswegen bereits nach einer Stunde eine große Menge Stickstoff im α-Hf gelöst ist. Ebenso kann die HfN Phase schon nach einer Stunde Auslagerungsdauer beobachtet werden, auch wenn die Peakhöhe auf eine geringe Dicke dieser Phase schließen lässt, was sich mit den theoretischen Überlegungen deckt (s. Kap. 2.5 bzw. Kap. 4.5.1).

Einfluss der Temperatur unter Stickstoffatmosphäre

Variiert man die Temperatur zwischen 800 °C, 1000 °C und 1300 °C, sieht man, dass auch hier nur Nitridphasen entstehen, wenn man die Ergebnisse nach 10 h Pyrolysedauer unter Stickstoff betrachtet (s. Abb. 4.10).

Aufgrund des relativ kleinen Diffusionskoeffizienten von N in Hf bei 800 °C ist nach 10 h Auslagerungszeit der Hf Peak am größten, während nur ein geringes Signal von $HfN_{0,4}$ erscheint. Phasen mit höherem Stickstoffanteil erscheinen nach der Pyrolyse bei 800 °C nicht im XRD-Spektrum, da sie nach 10 h nur wenige 100 nm Dicke aufweisen, was die Auflösungsgrenze der Messmethode unterschreitet. Mit zunehmender Temperatur kann das Wachstum der Phasen beobachtet werden, welches aufgrund der exponentiellen Temperaturabhängigkeit des Diffusionskoeffizienten mit steigender Temperatur sichtbar zunimmt. Bei 1300 °C Auslagerungstemperatur lässt sich die Hf_3N_2 Phase nach 10 h deutlich erkennen, während sie bei 1000 °C erst nach längerer Haltezeit zu sehen ist (vgl. Abb. 4.9). Es zeigt sich, dass die Eindringtiefe der Nitridphasen bei 1300 °C nach 10 h 5 µm überschreitet, da die Peaks der Hf und $HfN_{0,4}$ Phasen nicht mehr im Spektrum erscheinen.

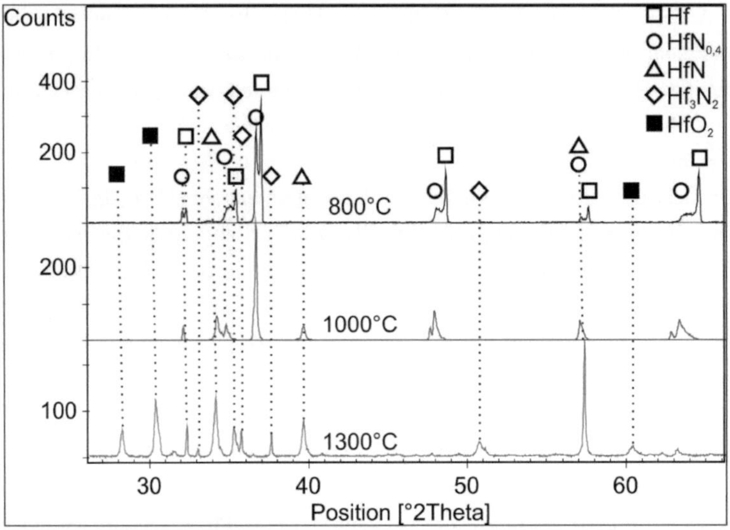

Abb. 4.10: XRD-Spektren der mit ABSE beschichteten Hafniumproben nach Pyrolyse für 10 h bei ***800, 1000 und 1300 °C*** *unter* N_2

Einfluss der Temperatur unter inerter Atmosphäre

Um die Wechselwirkungen zwischen der Precursorschicht und dem Hafniumsubstrat zu untersuchen, wurden Proben bei verschiedenen Temperaturen unter inerter Argonatmosphäre ausgelagert (s. Abb. 4.11). Wenn kein Stickstoff von außen zugeführt wird, können sich in der Diffusionszone nur Phasen durch Reaktion mit Precursorelementen ausbilden. Die Diffusionszone wird deutlich kleiner sein, da weniger Moleküle pro Flächeneinheit für den Einbau in das Metall zur Verfügung stehen. Ohne das Angebot von Stickstoff von außen, sollten nun auch Carbid- und Silizidphasen beobachtbar sein. Nach Auslagerung bei 800 °C für 10 h unter Argon kann dies auch bestätigt werden. Neben $HfN_{0.4}$ kann nach dieser Haltezeit deutlich die Bildung von Hafniumcarbid festgestellt werden. Erhöhung der Pyrolysetemperatur auf 1000 °C lässt diese Phasen noch deutlicher auftreten und ab 1300 °C beginnt auch Silizium zur Bildung von $HfSi_2$ mit dem Substrat zu reagieren. Da die Verbindung von Hf und Si im Gegensatz zu den Carbiden und Nitriden nicht interstitiell erfolgt, ist es offensichtlich, dass diese Phase erst als Letztes auftritt. Die Existenz einer Hf_2Si Phase deutet weiterhin daraufhin, dass ab 1300 °C sämtliche Elemente aus der Precursorschicht mit dem Substrat reagieren, weswegen erwartet werden muss, dass die Dicke der Keramikschicht nach Pyrolyse bei 1300 °C abnimmt.

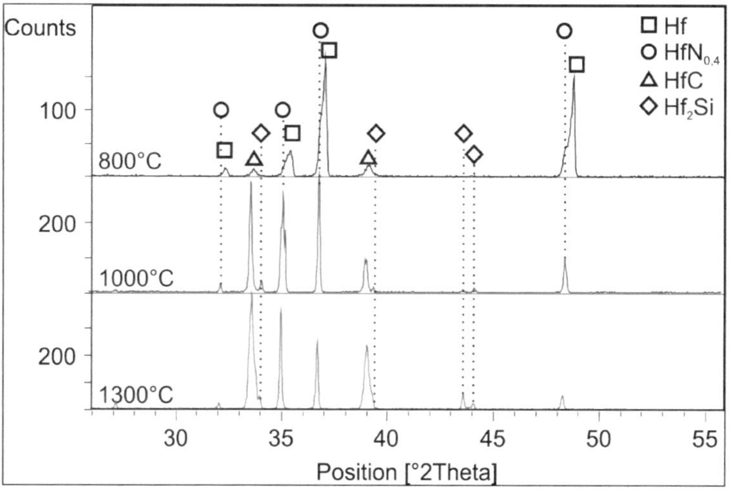

*Abb. 4.11: XRD-Spektren der mit ABSE beschichteten Hafniumproben nach Pyrolyse für 10 h bei **800, 1000 und 1300 °C** unter **Ar***

4.4.2 Phasenzusammensetzung der Diffusionszone in Niob

Die Niobproben wurden auf dieselbe Weise wie die Hafniumproben hergestellt und charakterisiert. Es ist zu erwarten, dass sich die Niobsubstrate sehr ähnlich wie die Hafniumsubstrate verhalten, da sich die beiden Übergangsmetalle sehr ähnlich sind, was Diffusionskoeffizienten und Bildungsenthalpien für interstitielle Phasen betrifft.

Einfluss der Pyrolysedauer bei 1000 °C unter Stickstoffatmosphäre

Wie auch in Kap. 4.4.1 soll als erstes die Zusammensetzung der Gradientenschicht in Abhängigkeit der Zeit bei fester Temperatur von 1000 °C untersucht werden. Wie auch bei der Herstellung der Hafniumproben wurde für diese Versuche Stickstoff als reaktives Prozessgas verwendet. Die Ergebnisse der röntgenographischen Untersuchungen sind in Abb. 4.12 abgebildet. Wie erwartet, bilden sich auch im Falle von Niob ausschließlich Nitride aus, wenn die mit ABSE beschichteten Proben unter Stickstoffatmosphäre ausgelagert wurden.

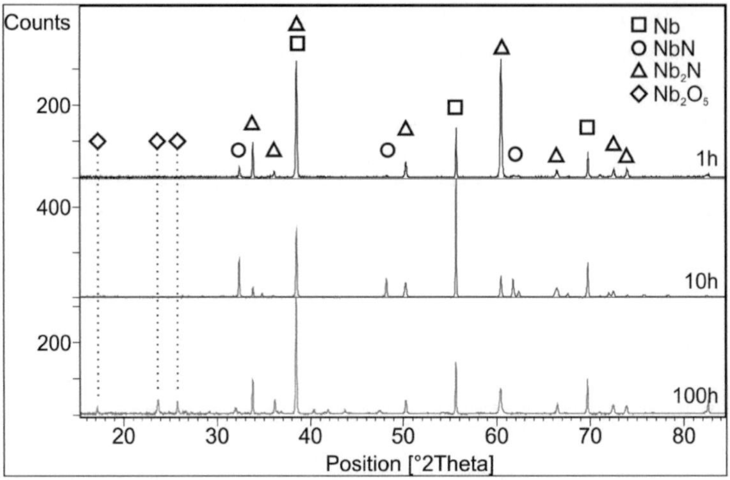

Abb. 4.12: XRD-Spektren der mit ABSE beschichteten Niobproben nach Pyrolyse für ***1, 10 und 100 h*** *bei 1000 °C unter* N_2

Bereits nach 1 h kann die Nb_2N Phase deutlich im Röntgenbeugungsdiagramm erkannt werden, ebenso wie die etwas schwächer ausgeprägte η-NbN Phase. Die NbN Phase wächst mit der Auslagerungszeit deutlich in das Substrat hinein und das Signal der reinen Nb Phase wird merklich kleiner. Auffallend ist das Fehlen der Nb_4N_3 Phase, welche sich bei dieser Temperatur laut den Phasendiagrammen von [Oka90d, LEN97] ausbilden sollte.

Einfluss der Temperatur unter Stickstoffatmosphäre

Der Einfluss der Temperatur auf die Zusammensetzung der Gradientenschicht ist aufgrund der zu erwartenden Phasenumwandlungen oberhalb von 1200 °C von außerordentlichem Interesse (s. Kap. 2.1.3). In Abb. 4.7 kann die Auswirkung der Temperatur für eine Haltezeit von je 10 h verglichen werden. Aufgrund des sehr geringen Diffusionskoeffizienten von N in Nb bei 800 °C kann hier nur eine sehr schwach ausgeprägte Nb_2N Phase identifiziert werden. Da die Diffusion bei niedrigen Temperaturen so langsam abläuft, kann die Phasenumwandlung zur NbN Phase bei 800 °C nach 10 h offensichtlich noch nicht erfolgen. Erst bei 1000 °C zeigt sich die Bildung einer η-NbN Schicht, wie in Abb. 4.13 gezeigt.

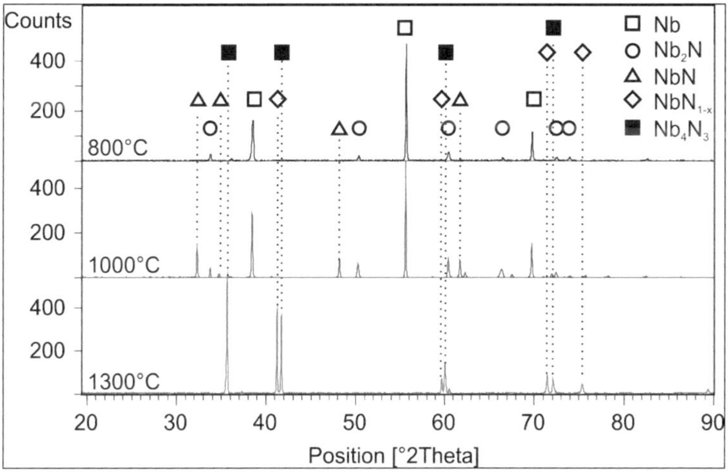

Abb. 4.13: XRD-Spektren der mit ABSE beschichteten Niobproben nach Pyrolyse für 10 h bei ***800, 1000 und 1300 °C*** *unter* $\mathbf{N_2}$

Bei einer Auslagerungszeit von 1300 °C zeigt sich dann wie erwartet, dass sich η-NbN in δ-NbN_{1-x} umgewandelt hat. Auch das Signal der Nb_4N_3 Phase ist deutlich zu erkennen, obwohl diese sich aufgrund des Phasendiagramms bei 1300 °C nicht bilden sollte. Dies kann damit erklärt werden, dass sich ein Teil der δ-NbN_{1-x} Phase während des Abkühlvorgangs extrem schnell und nahezu diffusionslos in Nb_4N_3 umwandelt, was durch die sehr ähnliche Kristallstruktur der beiden Phasen bedingt ist. Dies kann selbst durch sehr rasches Abkühlen nicht vermieden werden, wie bereits von Joguet et al. beobachtet wurde [JOG98]. Das Verschwinden der Nb_2N Peaks ist dagegen nicht auf ein Verschwinden der Phase zurückzuführen, sondern darauf, dass die Eindringtiefe der Röntgenstrahlung nicht mehr ausreicht, um die NbN_{1-x} Phase zu durchdringen, welche bei 1300 °C nach 10 h bereits eine Dicke von fast 10 µm erreicht haben sollte.

Einfluss der Temperatur unter inerter Atmosphäre

Des Weiteren wurde wieder die reine Wechselwirkung zwischen Precursorschicht und Metallsubstrat nach Pyrolyse für 10 h bei 800, 1000 und 1300 °C untersucht, indem Argon als inertes Prozessgas verwendet wurde (s. Abb. 4.14).

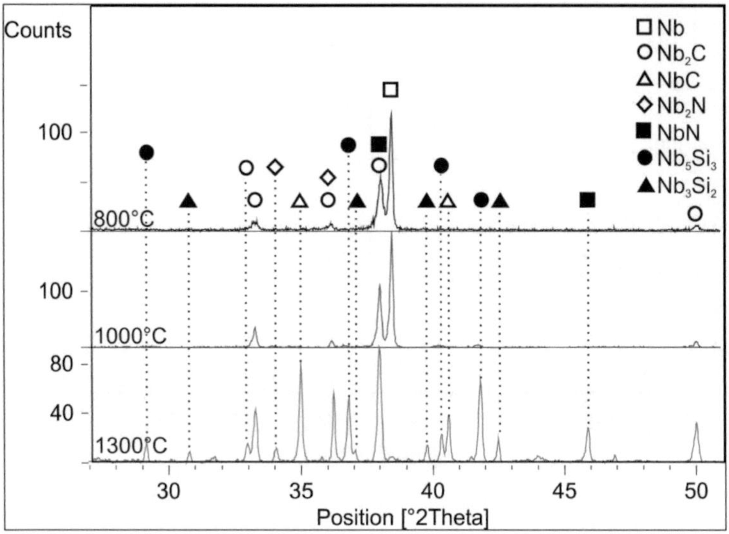

Abb. 4.14: XRD-Spektren der mit ABSE beschichteten Niobproben nach Pyrolyse für 10 h bei ***800, 1000 und 1300 °C*** *unter* ***Ar***

Besonders auffallend ist bei dieser Messung, dass sich bei einer Auslagerungstemperatur von 800 °C keine sichtbaren Nitride ausbilden, dafür aber Nb_2C durch Diffusion von Kohlenstoff aus der Schicht in das Niobsubstrat gebildet wird. Selbst bei 1000 °C zeigen sich kaum Unterschiede zu der bei 800 °C hergestellten Probe. Bei 1300 °C dagegen beginnen sämtliche Elemente aus der Precursorschicht in das Substrat hineinzudiffundieren und es finden sich sowohl beide bekannten Carbidphasen Nb_2C und NbC, dazu η-NbN und Nb_2N und auch zwei Silizidverbindungen Nb_5Si_3 und Nb_3Si_2, ähnlich wie es auch für die Hafniumproben beobachtet wurde.

4.4.3 Phasenzusammensetzung der Diffusionszone in Molybdän

Aufgrund seiner geringen Affinität zu Stickstoff war für die Molybdänproben ein deutlich anderes Verhalten bei der Bildung der Gradientenschicht zu erwarten. In der Diffusionszone sollten sich, im Gegensatz zu den Hafnium- und Niobproben, keine Nitride bilden. Auch wäre die Bildung von Nitriden aufgrund ihrer physikalischen Eigenschaften nicht vorteilhaft, da diese sich schon bei Temperaturen ab 1000 °C thermisch zersetzen (s. Kap. 2.1.2).

Einfluss der Pyrolysedauer bei 1000 °C unter Stickstoffatmosphäre

In Abb. 4.15 kann die Entwicklung der Phasen bei 1000 °C unter Stickstoff in Abhängigkeit der Zeit gesehen werden.

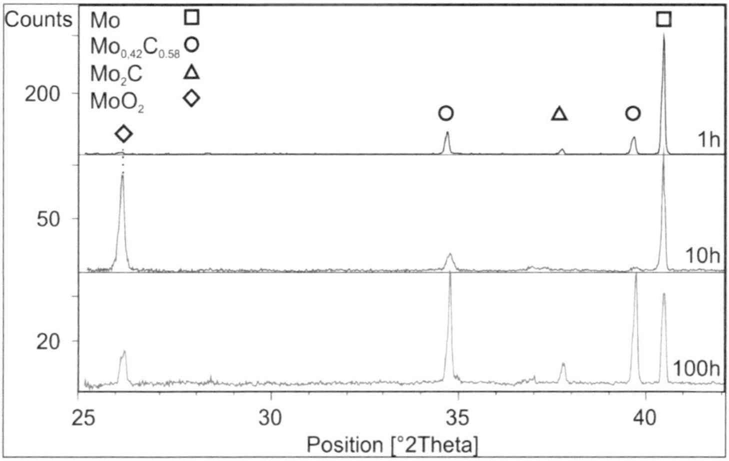

*Abb. 4.15: XRD-Spektren der mit ABSE beschichteten Molybdänproben nach Pyrolyse für **1, 10 und 100 h** bei 1000 °C unter N_2*

Aus Gründen der Übersichtlichkeit wurde der Bereich von 25° bis 42° ausgeschnitten, da die kleineren Peaks sonst nicht mehr klar erkennbar wären. Bereits nach 1 h zeigt sich die Bildung von Carbiden durch Diffusion von Kohlenstoff aus der Precursorschicht in das Molybdän. Nach 100 h zeigt sich ein ausgeprägtes Signal der Mo_2C Phase, sowie zusätzlich einer weiteren Molybdäncarbidphase, was auf eine gut ausgebildete Gradientenschicht durch Reaktion des Kohlenstoffs mit der Metalloberfläche hindeutet. Das Auftreten von Molybdändioxid nach 10 h ist ein Hinweis auf die hohe Affinität von Molybdän zur Reaktion mit Sauerstoff, so dass selbst geringe Sauerstoffverunreinigungen in der Pyrolyseatmosphäre zur Bildung von MoO_2 führen.

Einfluss der Temperatur unter Stickstoffatmosphäre

Zur Untersuchung der Temperaturabhängigkeit wurden auch hier Proben bei 800, 1000 und 1300 °C hergestellt (s. Abb. 4.16), wobei die Auslagerungsdauer in allen Fällen 10 h betrug.

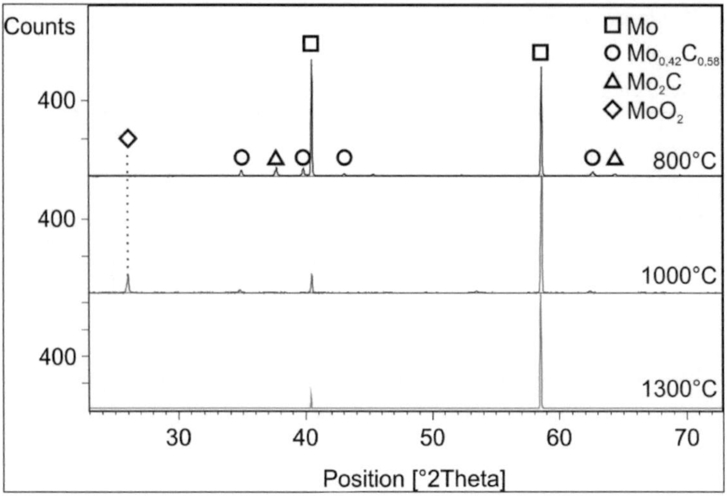

Abb. 4.16: XRD-Spektren der mit ABSE beschichteten Molybdänproben nach Pyrolyse für 10 h bei ***800, 1000 und 1300*** *°C unter* N_2

Während sich bei 800 °C noch deutliche Signale von zwei Molybdäncarbidphasen zeigen, sind diese bei 1000 °C Pyrolysetemperatur bereits sehr stark reduziert worden. Nach Auslagerung bei 1300 °C zeigt sich überhaupt keine Phase mehr neben dem reinen Molybdän. Die Erklärung dafür liegt vermutlich in der hohen Diffusivität von Kohlenstoff in Molybdän von $1{,}75 \cdot 10^{-13}$ m²/s [WAR85], welche damit eine Größenordnung höher ist, als die Diffusionskoeffizienten in Hafnium und Niob. Bei 1300 °C ist die Mobilität der Kohlenstoffatome im interstitiellen Molybdängitter so hoch, dass sie sich sehr rasch im Bulk verteilen, weswegen sich keine stabilen Molybdäncarbidphasen mehr bilden können. Aus diesem Grund sind Pyrolysetemperaturen oberhalb von 1000 °C nicht geeignet, um Gradientenschichten zu erhalten.

Grundsätzlich streben die Kohlenstoff- und Stickstoffatome in einer Carbid- bzw. Nitridschicht auf einem Substrat aus reinem Metall im thermodynamischen Gleichgewicht darauf hin, sich gleichmäßig im Bulk zu verteilen. Bei sehr hohen Temperaturen bzw. Diffusionsgeschwindigkeiten bilden die Elemente der Precursorschicht deswegen keine stabilen Phasen in der Diffusionszone, wenn kein zusätzliches Material von außen zugeführt wird. Deswegen ist es zur Herstellung stabiler Gradientenschichten sinnvoll, auf die Wahl einer reaktiven Atmosphäre zu achten, um ausreichend dicke, stabile Gradientenschichten zu erzeugen. Da Molybdän nicht mit Stickstoff reagiert, waren auch unter Argonatmosphäre keine Unterschiede in der Zusammensetzung der Gradientenschicht zu sehen. Aus diesem Grund konnte kein Vergleich zwischen reaktiver und inerter Atmosphäre stattfinden. Die Ergebnisse unter Stickstoffatmosphäre repräsentieren folglich ausschließlich die Reaktionen, welche zwischen dem Precursor und dem Molybdänsubstrat ablaufen.

4.4.4 Überblick über die röntgenographischen Untersuchungen

Untersuchungen mit Hilfe von XRD konnten die Bildung von Gradientenschichten durch Diffusion von Elementen sowohl aus der Precursorschicht, als auch aus der Gasatmosphäre in allen drei Substraten nachweisen. Dabei wurde der Einfluss der Pyrolyseparameter betrachtet. Zur Untersuchung der Zeitabhängigkeit wurden Proben bei 1000 °C für 1, 10 und 100 h unter Stickstoff pyrolysiert. Die Temperaturabhängigkeit wurde nach Pyrolyse bei 800, 1000 und 1300 °C unter reaktiver Stickstoffatmosphäre bzw. inerter Argonatmosphäre untersucht. Die Proben, die unter inerter Atmosphäre hergestellt wurden, dienten dabei der Charakterisierung derjenigen Prozesse, welche zwischen der Precursorschicht und dem Substrat ablaufen.
In Hafnium und Niob können unter Stickstoffatmosphäre bereits ab 800 °C gut ausgeprägte Nitridgradientenschichten erzeugt werden. Auch unter inerter Atmosphäre reagieren die Precursorelemente mit dem Substrat und verbinden sich zu Carbid- und Nitridphasen, bei Temperaturen von 1300 °C auch zu Siliziden. Diese Schichten sind allerdings relativ dünn (< 1 µm), da sie durch die Dicke der aufgebrachten Precursorschicht begrenzt werden (vgl. Kap. 2.5). Für dickere Gradientenschichten muss eine reaktive Atmosphäre wie N_2 oder NH_3 verwendet werden. In Molybdän konnten ebenfalls Gradientenschichten aus Carbidphasen im XRD nachgewiesen werden, welche allerdings nur bei Temperaturen bis 1000 °C stabil waren. Bei höheren Temperaturen lösen sie sich aufgrund der hohen Mobilität von C in Molybdän auf und gehen interstitiell gelöst im Bulkmaterial auf.
Wie erwartet konnte in allen drei Metallen eine Gradientenschicht zwischen der keramischen Schicht und dem Metallsubstrat durch Reaktion der Metalle mit Precursorelementen bzw. dem Prozessgas hergestellt werden. Somit lässt sich eine sehr starke Bindung der beiden Werkstoffe erwarten. Aufgrund der hohen Diffusionskoeffizienten der leichten Precursorelemente im interstitiellen Kristallgitter der Übergangsmetalle kann schon ab 800 °C und 1 - 10 h Auslagerungszeit eine Gradientenschicht erzeugt werden. Diese Eigenschaft ergänzt sich hervorragend mit den niedrigen Prozesstemperaturen bei denen die polymeren Precursorschichten pyrolysiert werden.

4.5 Tiefenabhängige Zusammensetzung der Gradientenschichten

Nachdem die auftretenden Phasen mit Röntgendiffraktometrie nachgewiesen werden konnten, war es möglich den Verlauf der Gradientenschichten mit Hilfe von theoretischen Modellen auf Basis einer Lösung der Fickschen Gleichung für Multiphasensysteme bzw. begrenzte Quellen vorherzusagen, wie in Kap. 2.4 und 2.5 beschrieben. Die Mathematik dafür wurde bereits ausführlich in verschiedenen Arbeiten dargelegt und immer wieder verfeinert [JOS50, WAG69, BAL75, MET05, MEH07, RAY07]. Die mit diesen Ansätzen erhaltenen theoretischen Verläufe konnten anschließend mittels Glimmentladungsspektroskopie (kurz GDOES), welche eine tiefenabhängige Messung der chemischen Zusammensetzung erlaubt, überprüft werden.

4.5.1 Tiefenprofile der Diffusionszone in Hafnium

Zur Untersuchung der Gradientenschichtbildung wurden die mit ABSE beschichteten Hafniumbleche bei verschiedenen Temperaturen (800 °C, 1000 °C, 1300 °C), Haltezeiten (1 h, 10 h, 100 h) und unter zwei verschiedenen Atmosphären (N_2, Ar) ausgelagert und danach mit der Glimmentladungsspektroskopie bis in eine Tiefe von 50 µm untersucht. Die Gasatmosphäre ist von Interesse, da Hafnium wie in Kapitel 4.4.1 gezeigt, unter Stickstoff nitridiert, während unter Argon nur Reaktionen zwischen Precursorschicht und Hafniumsubstrat stattfinden. Temperatur und Haltezeit beeinflussen die Diffusionsgeschwindigkeit bzw. -dauer und somit die Dicke der Gradientenschicht. Mit Kenntnis der entstehenden Phasen, die durch XRD gewonnen wurde, und den Diffusionskoeffizienten von N und C in Hafnium konnte in Abhängigkeit von Zeit und Temperatur das zu erwartende Diffusionsprofil berechnet werden. Die theoretischen Verläufe wurden dann mit den GDOES Messungen verglichen. Die Bereiche der Fehlergrenzen ergeben sich dabei aus den Überlegungen, welche in Kap. 2.6 und 3.2.2 dargestellt wurden. Wie dort beschrieben wurde, ist die Messgenauigkeit in den ersten 1 - 2 µm noch sehr fehlerbehaftet und nimmt mit größerer Messtiefe deutlich zu.

Einfluss der Temperatur unter Stickstoffatmosphäre

Im Folgenden werden die Gradientenschichten betrachtet, welche nach Pyrolyse für 10 h bei 800, 1000 und 1300 °C unter Stickstoffatmosphäre hergestellt wurden.

In Abb. 4.17 ist die tiefenabhängige chemische Zusammensetzung einer mit ABSE beschichteten Hafniumprobe zu sehen, die für 10 h bei 800 °C unter Stickstoff ausgelagert wurde. Aufgrund der Oberflächenrauheit verschmiert der Übergang zwischen SiCN-Schicht und Hafniumsubstrat und kann nicht exakt bestimmt werden. Als Grenze zwischen SiCN-Schicht und Diffusionszone wurde deswegen die Tiefe gewählt, bei welcher der Wert des Siliziumsignals auf die Hälfte des Maximalwerts Si_{max} gefallen war ($\triangleq Si_{50\%}$). Die SiCN-Schicht ist somit in etwa 700 nm dick. Auch ist die Quantifizierung der chemischen Zusammensetzung der keramischen Schicht nicht völlig verlässlich, da sich zu Beginn der GDOES Messung das Plasma stabilisieren muss. Aus diesem Grund schwanken die Intensitäten zu Beginn der Messung stark und geben nicht die wirkliche Zusammensetzung der Schicht wieder.

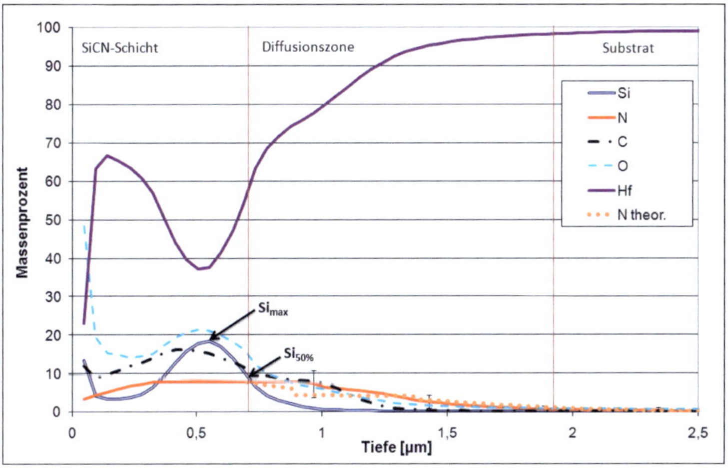

*Abb. 4.17: GDOES-Tiefenprofil einer mit ABSE beschichteten Hafniumprobe nach Pyrolyse für 10 h bei **800 °C** unter N_2*

Besonderes Interesse gilt dem Verlauf von Stickstoff und Kohlenstoff in der Gradientenschicht unterhalb der keramischen Schicht. Das Diffusionsprofil von Stickstoff, der bis in einer Tiefe von ca. 2 µm eindringt, ist deutlich zu erkennen und entspricht im Bereich der Fehlertoleranz dem theoretisch berechneten Verlauf. Die leichte Abweichung liegt im Rahmen der diskutierten Fehlergrenzen. Bis in eine Tiefe von etwa 1 µm beträgt der Stickstoffgehalt ungefähr 8 Gew.-%, was der Zusammensetzung von HfN entspricht. Unterhalb eines Wertes für den Massengehalt von Stickstoff von 6,5 %, für den die Kalibration verlässlicher ist, verläuft die gemessene Kurve so, wie theoretisch berechnet wurde. Wie in Kap. 3.2.2 beschrieben nimmt die Messgenauigkeit mit zunehmender Messtiefe deutlich zu. Der Kohlenstoffverlauf deutet auf die Bildung einer HfC Schicht mit einer Dicke von 200 - 300 nm hin, die aber aufgrund ihrer geringen Ausbreitung im XRD nicht erfasst werden konnte. Der Siliziumverlauf dagegen zeigt fast keine nennenswerte Verbindung von Si und Hf an. Vergleicht man diese Probe mit einer Weiteren, die für 10 h bei 1000 °C statt 800 °C ausgelagert wurde, sieht man eine deutlich dickere Diffusionszone (s. Abb. 4.18).

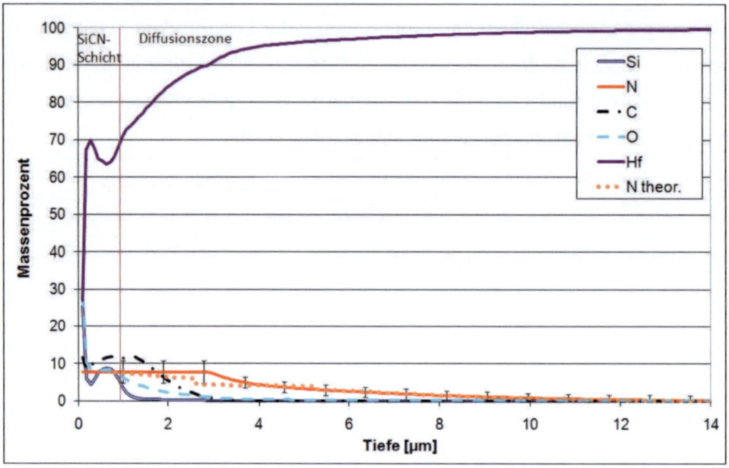

*Abb. 4.18: GDOES-Tiefenprofil einer mit ABSE beschichteten Hafniumprobe nach Pyrolyse für 10 h bei **1000 °C** unter N_2*

Die SiCN-Schicht ist immer noch in etwa 700 nm breit und zeigt keine Veränderungen gegenüber der bei 800 °C hergestellten Schicht, wie der Si-Verlauf anzeigt. Die gradierte Schicht, in der sich Nitride durch die Diffusion von N gebildet haben, ist ca. 10 µm breit und verläuft im Rahmen der Messgenauigkeit genau wie es die Theorie erwarten lässt. Auch hier ist die Übereinstimmung für einen N-Gehalt von unter 6,5 Gew.-% sehr genau, was auf eine gute Kalibration des Stickstoffgehalts im Bereich der vorhandenen Kalibrierstandards hindeutet. Auch ein kleiner Anteil an Kohlenstoff in der Diffusionsschicht bis zu einer Tiefe von 2,5 µm lässt sich hier erkennen.

Der Verlauf der Stickstoffkurve entspricht dem Profil, das sich nach dem Phasendiagramm und dem Diffusionsgesetz erwarten lässt. Es kann ein gradueller Übergang beobachtet werden, der von δ-HfN mit einer Stickstoffkonzentration zwischen etwa 7,8 und 6,0 Gew.-% zu η-Hf_3N_{2-x} mit 4,4 bis 4,0 Gew.-% N zur reinen α-Hf(N) Phase mit bis zu 3,2 Gew.-% interstitiell gelöstem Stickstoff übergeht und dessen Gehalt langsam mit der Tiefe abnimmt. Zu erwähnen ist auch der Sauerstoffanteil, der trotz Beschichtung und Pyrolyse unter Schutzgas in der Probe gemessen wurde. Dies liegt an der hohen Sauerstoffaffinität des ABSE-Precursors, der schon bei Raumtemperatur zur Reaktion mit Sauerstoff neigt. Auch unter sauberen Bedingungen lässt sich eine Aufnahme von Sauerstoff nicht vollständig vermeiden. Auch Hafnium neigt zur Reaktion mit Sauerstoff und zeigt schon ab einem Sauerstoffpartialdruck von 10^{-3} Pa unter Luft messbare Oxidation bei 850 °C [VOI93]. Bei einem Sauerstoffgehalt von 3 ppm, wie sie im verwendeten Trägergas auftreten, wird schon ein Partialdruck von $3 \cdot 10^{-2}$ Pa O_2 erreicht, wodurch das Hafnium selbst bei diesem geringen Anteil an Sauerstoff zu oxidieren beginnt.

Die Dicke der Gradientenschicht, in der sich tatsächlich Hafniumphasen ausbilden, und nicht nur in α-Hf gelöster Stickstoff vorliegt, ist der Bereich, in dem der N-Gehalt oberhalb von ca. 3,5 Gew.-% liegt. Somit kann auch aus der GDOES-Messung eine Dicke von 5 µm angenommen werden, in der sich Hafniumnitrid ausbildet, was auch theoretisch errechnet wurde. Der interstitiell gelöste Stickstoffgehalt nimmt nur sehr langsam ab, da die Stickstoffatome sich in α-Hf sehr gut bewegen können. Bei ca. 15 µm Tiefe sollte der Stickstoffgehalt auf unter 0,1 Gew.-% abgefallen sein, was auch in Übereinstimmung mit der Messung steht. Nach Auslagerung einer Probe für 10 h bei 1300 °C wird die Diffusionszone sehr tief, wie in Abb. 4.19 zu erkennen ist.

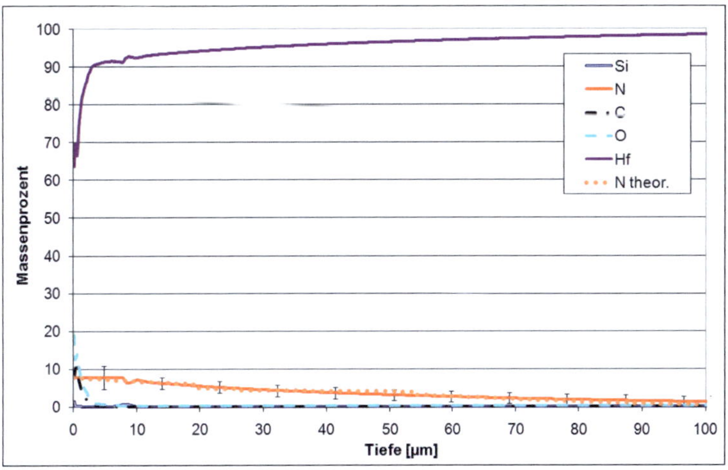

*Abb. 4.19: GDOES-Tiefenprofil einer mit ABSE beschichteten Hafniumprobe nach Pyrolyse für 10 h bei **1300 °C** unter N_2*

Auch bildet sich bei dieser Temperatur eine weitere Phase Nitridphase ζ-Hf_4N_{3-x} zwischen den beiden bekannten Phasen aus, wie sich aus dem Phasendiagramm nach Okamoto [OKA90] erwarten lässt (vgl. Abb. 2.2). Die Dicke aller drei Phasen zusammen sollte über 50 µm betragen, wobei die Hf_3N_2 Phase aufgrund ihres Diffusionskoeffizienten und ihres Zustandsbereiches die höchste Dicke aufweisen sollte. Die Dicke der HfN_{1-x} Phase sollte auf 20 µm angewachsen sein, die neue ζ-Hf_4N_3 Phase sollte mit 10 µm die geringste Dicke haben. Diese Berechnungen decken sich mit der GDOES Messung, wie der Vergleich der berechneten mit der gemessenen Kurve zeigt.

Die SiCN-Schicht ist nach Pyrolyse bei 1300 °C praktisch nicht mehr erkennbar, da sie bei dieser Temperatur beginnt sich durch Diffusion im Hafniumsubstrat aufzulösen und Hafniumsilizid zu bilden, wie in der XRD-Messung festgestellt wurde. Daher muss erwartet werden, dass die Dicke der keramischen Schicht im Gegensatz zu den bei 800 oder 1000 °C hergestellten Proben geringer ist. Aufgrund des Einschwingvorgangs zu Beginn der GDOES Messung können die ersten 100 nm des Oberflächenbereiches nur schwer exakt aufgelöst werden, so dass die keramische Schicht selbst nicht mehr beobachtbar ist. Als positiv kann vermerkt werden, dass der Sauerstoffgehalt auch bei erhöhter Temperatur nicht mehr zugenommen hat.

Einfluss der Pyrolysedauer bei 1000 °C unter Stickstoffatmosphäre

Des Weiteren wurde die Abhängigkeit der Diffusionsprozesse von der Auslagerungsdauer analysiert. Dazu wurden Proben für 1 h, 10 h und 100 h bei 1000 °C unter Stickstoff ausgelagert und dann im GDOES charakterisiert (s. Abb. 4.18, Abb. 4.20 und Abb. 4.21). Welche Phasen dabei auftreten, sollte unabhängig von der Auslagerungsdauer sein. Somit sollten immer nur die Phasen HfN_{1-x}, Hf_3N_{2-x} sowie Hf(N) auftreten, welche im Phasendiagramm bei einer Temperatur von 1000 °C vorkommen (s. Abb. 2.2).

Aus diesen Messungen lässt sich die parabolische Abhängigkeit der Diffusionstiefen von der Zeit ablesen, wie es nach der Formel $W = \gamma \cdot (Dt)^{1/2}$ für die Phasenbreiten zu erwarten war. Die Erhöhung der Auslagerungszeit um einen Faktor 10 erhöht die Dicke der Hafniumnitridschicht jeweils in etwa um den Faktor 3, was die GDOES Messungen bestätigen. Damit wird das parabolische Wachstum der Gradientenschicht in Abhängigkeit der Zeit nachgewiesen. Die Sauerstoffaufnahme dagegen schreitet mit der Zeit nicht mehr fort, woraus sich schließen lässt, dass die Oxidation der Oberfläche den Einbau weiterer Verunreinigungen aus der Ofenatmosphäre unterbindet.

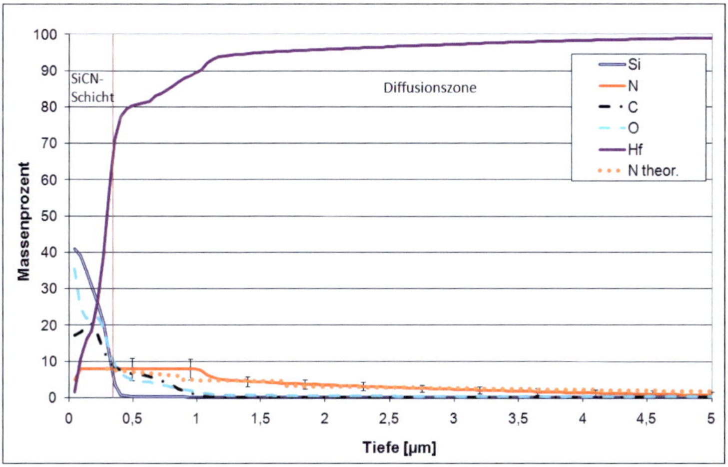

Abb. 4.20: GDOES-Tiefenprofil einer mit ABSE beschichteten Hafniumprobe nach Pyrolyse für ***1 h*** *bei 1000 °C unter N_2*

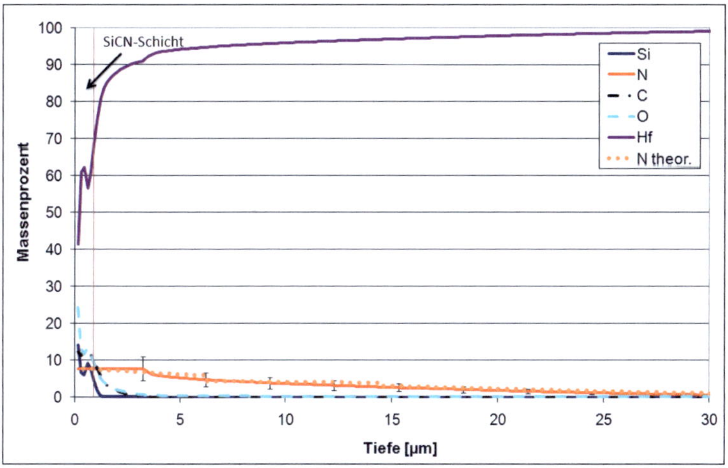

Abb. 4.21: GDOES-Tiefenprofil einer mit ABSE beschichteten Hafniumprobe nach Pyrolyse für ***100 h*** *bei 1000 °C unter N_2*

Reaktionen bei 1000 °C unter Argonatmosphäre

Zur Untersuchung, welche Reaktionen zwischen der Precursorschicht und dem Metallsubstrat ablaufen, wurden Proben für 10 h bei 1000 °C unter Argonatmosphäre hergestellt. Da bereits gezeigt wurde, dass der als Prozessgas verwendete Stickstoff einen maßgeblichen Einfluss auf die Bildung der Gradientenschicht hat, sollte damit untersucht werden, welcher Konzentrationsverlauf sich nach Auslagerung unter inerter Atmosphäre einstellt (s. Abb. 4.22). Die Dicke der SiCN-Schicht beträgt auch nach der Pyrolyse unter Argonatmosphäre ca. 700 nm. Wie erwartet fällt die Dicke der Diffusionszone deutlich geringer aus, da nur eine erschöpfliche Quelle von Stickstoff bzw. Kohlenstoff zur Verfügung steht (vgl. Kap. 2.4.2). Es ist auch zu sehen, dass unter inerten Bedingungen deutlich weniger Stickstoff in die Probe diffundiert, und der Hauptbestandteil der Diffusionszone aus Carbiden besteht, wie es berits in den XRD Messungen festgestellt wurde. Da der Kohlenstoff einen etwas höheren Diffusionskoeffizienten als Stickstoff besitzt, diffundiert er schneller in das Substrat hinein als der Stickstoff aus der Precursorschicht. Das Gleichgewicht verschiebt sich außerdem aufgrund des geringen N_2-Partialdrucks in der Ofen-atmosphäre und während der Pyrolyse frei werdender Stickstoff geht leichter in die Gasphase über anstatt in das Substrat zu diffundieren, wie es unter Stickstoff-atmosphäre der Fall wäre. Die Dicke der Gradientenzone beträgt nun nur noch wenige 100 nm, was sich auch mit den theoretischen Ergebnissen deckt.

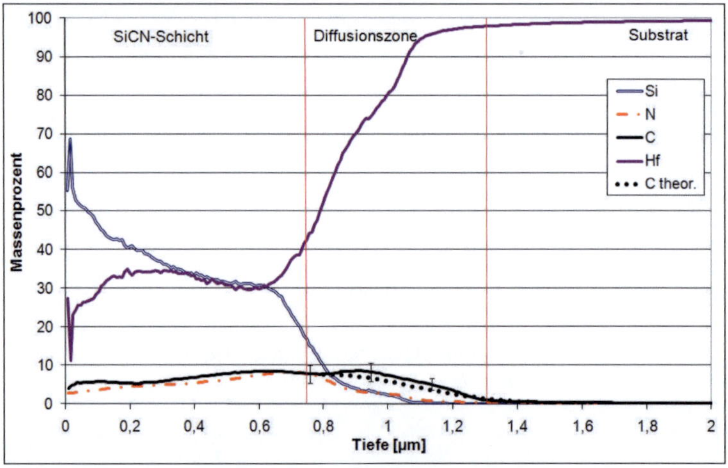

*Abb. 4.22: GDOES-Tiefenprofil einer mit ABSE beschichteten Hafniumprobe nach Pyrolyse für 10 h bei 1000 °C unter **Ar***

Die mit dem ABSE-Precursor beschichteten Hafniumproben weisen somit unter allen Bedingungen eine deutlich erkennbare Gradientenschicht auf, deren Verlauf und Zusammensetzung durch die Pyrolysebedingungen gesteuert werden kann. Dabei kann sowohl eine Reaktion des Substrats mit der Atmosphäre, als auch nur mit dem Precursor beobachtet werden.

4.5.2 Tiefenprofile der Diffusionszone in Niob

Wie bereits durch Röntgendiffraktometrie bestätigt, verhält sich Niob sehr ähnlich zu Hafnium und bildet eine ebenso gute Gradientenschicht aus. Niob bildet unter Stickstoffatmosphäre ab 800 °C ebenfalls eine deutliche Nitridschicht aus und Kohlenstoff aus der Precursorschicht reagiert zu Niobcarbid, wenn eine inerte Pyrolyseatmosphäre gewählt wird. Aufgrund der niedrigeren Diffusionskoeffizienten von Stickstoff und Kohlenstoff in Niob sind allerdings unter vergleichbaren Bedingungen weniger breite Diffusionszonen als in Hafnium zu erwarten. Auch wegen der schmaleren Zustandsbereiche der Carbide und Nitride im Nb-N bzw. Nb-C Phasendiagramm sollten die Phasen dünner ausfallen, da die Diffusionsgeschwindigkeit auch von der Breite der Phasen im Zustandsdiagramm abhängt. Der mathematische Zusammenhang zwischen der Breite des Zustandsgebietes und der Breite der durch Diffusion gebildeten Phase ergibt sich aus Gleichung (19) in Kapitel 2.4.2. Phänomenologisch ist der Zusammenhang vermutlich dadurch zu erklären, dass in Phasen mit breiterem Zustandsgebiet auf der Seite mit geringerer Stickstoff- bzw. Kohlenstoffkonzentration mehr freie Oktaederlücken im Untergitter vorhanden sind. Dadurch ergeben sich statistisch mehr Lücken, die einem Atom für einen Platzwechsel zur Verfügung stehen und somit mehr Sprünge pro Zeiteinheit. Dies resultiert in einer höheren Diffusionsgeschwindigkeit und somit einem schnelleren Phasenwachstum.

Die XRD Daten konnten bereits die im Phasendiagramm auftretenden Phasen bestätigen und es wurde gezeigt, dass ab 800 °C drei verschiedene Niobnitridphasen auftreten, die bei 1300 °C durch zwei Phasen abgelöst werden. Diese Befunde werden auch durch frühere Veröffentlichungen bestätigt [RAF98, LEN00]. Dadurch, dass sich der Übergangsbereich, in dem sich die δ-NbN_{1-x} Phase aus η-NbN und γ-Nb_4N_3 bildet, zwischen 1100 °C und 1200 °C befindet, ist die Zusammensetzung bei 1000 °C und 1300 °C relativ klar definiert.

Einfluss der Temperatur unter Stickstoffatmosphäre

Die erste Untersuchung betrachtet die Temperaturabhängigkeit der Gradientenschichtbildung, wofür mit ABSE beschichtete Niobbleche bei 800 °C, 1000 °C und 1300 °C für je 10 h ausgelagert wurden. Aufgrund der geringeren Diffusionstiefen fallen statistische Schwankungen und Grenzflächeneffekt am Keramik-Metall Übergang sowie Oberflächeneffekte wie Rauheit bei diesen Proben noch stärker ins Gewicht, weswegen die Messungen im Gegensatz zu den Hafniumproben stärker von den berechneten Profilen abweichen können. Speziell die sehr dünnen Diffusionsschichten von wenigen 100 nm Dicke, die sich nach der Pyrolyse bei 800 °C bilden sollten, können aufgrund der Nähe zur Grenzfläche und der Oberflächenrauheit, welche in etwa so groß ist wie die Diffusionstiefe, nicht mehr aufgelöst werden. Deswegen weicht der berechnete Verlauf vom gemessenen stark ab (s. Abb. 4.23).

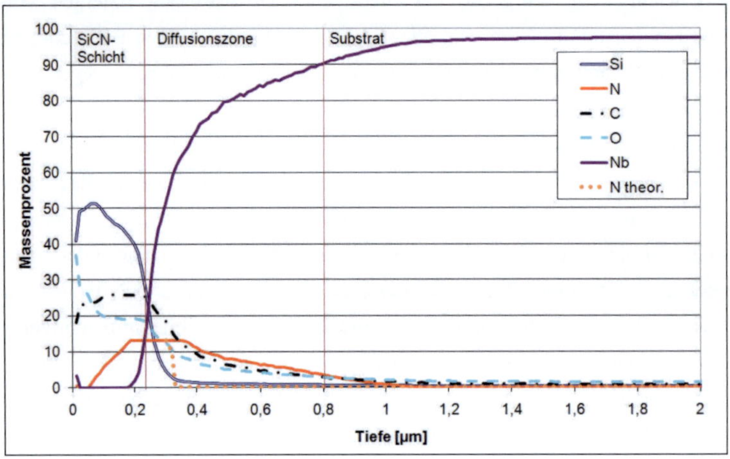

*Abb. 4.23: GDOES-Tiefenprofil einer mit ABSE beschichteten Niobprobe nach Pyrolyse für 10 h bei **800 °C** unter N_2*

Eine Auffälligkeit ist die sehr geringe Dicke der SiCN-Schicht von ca. 300 nm. Dies muss auf die Benetzungsfähigkeit der Nioboberfläche zurückgeführt werden. Die Dicke der Precursorschicht nach der Tauchbeschichtung hängt neben der Ziehgeschwindigkeit, dem Precursorgehalt und der Viskosität auch von der Wechselwirkung mit dem Substrat ab. So ist die SiCN-Schicht auf Niob nur halb so dick, wie diejenige, die unter identischen Bedingungen auf Hafnium aufgebracht wurde.

Bei 1000 °C Auslagerungstemperatur nimmt die Messgenauigkeit zu, wobei auch hier statistische Schwankungen auftreten, so dass sich der gemessene Verlauf, welcher in

Abb. 4.24 zu sehen ist, im Bereich von 2 bis 3,5 µm vom Berechneten unterscheidet. Die Plateaus im gemessenen Stickstoffverlauf lassen aber die NbN und die Nb_4N_3 Phase sehr gut erkennen, nur die Nb_2N Phase kann aufgrund ihrer geringeren Dicke von ca. 200 nm nicht mehr aufgelöst werden. Da Nb_2N einen niedrigeren Diffusionskoeffizienten als NbN und Nb_4N_3 aufweist, fällt diese Phase deutlich schmaler aus als die anderen beiden Nitridphasen. Kohlenstoff spielt, wie auch bei Hafnium, nur eine untergeordnete Rolle bei der Bildung der Gradientenschicht und Carbide bilden sich nur in den ersten 200 nm Diffusionszone aus.

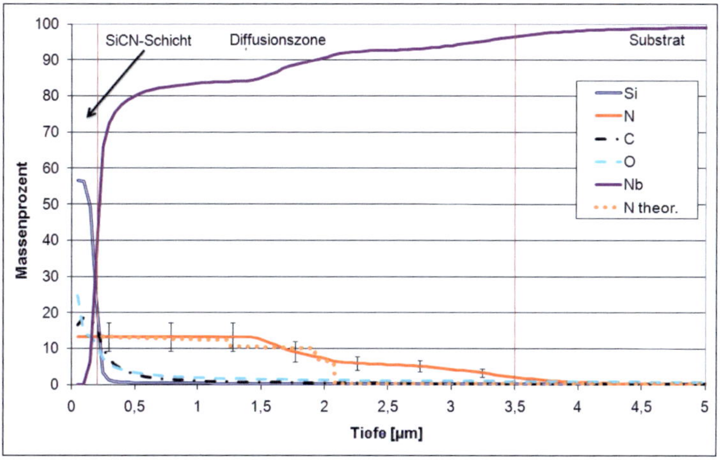

*Abb. 4.24: GDOES-Tiefenprofil einer mit ABSE beschichteten Niobprobe nach Pyrolyse für 10 h bei **1000 °C** unter N_2*

Betrachtet man das Diffusionsprofil einer bei 1300 °C pyrolysierten Probe, sieht man, dass der gemessene Verlauf gut mit dem theoretischen Verlauf übereinstimmt, wobei auch hier die Nb_2N Phase nur ansatzweise zu erkennen ist (s. Abb. 4.25). Der Kohlenstoffverlauf deckt sich dagegen mit den vorherigen Messungen, da auch in der Untersuchung im Röntgendiffraktometer keine Carbidphasen bei Auslagerung unter Stickstoff zu beobachten waren.

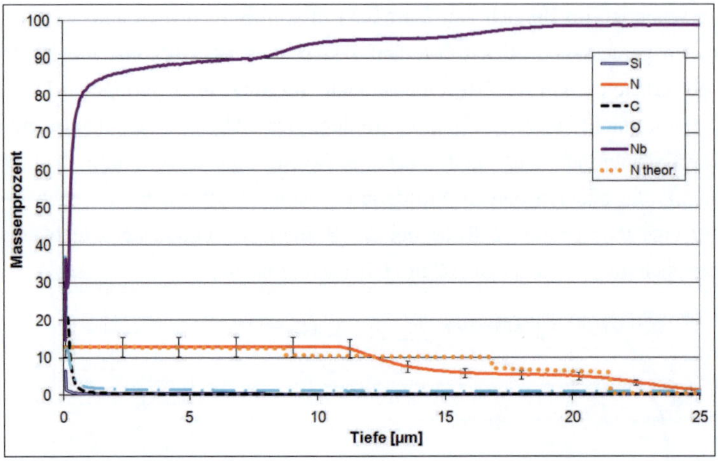

*Abb. 4.25: GDOES-Tiefenprofil einer mit ABSE beschichteten Niobprobe nach Pyrolyse für 10 h bei **1300 °C** unter N_2*

Des Weiteren lässt sich noch vergleichen, ob die gemessene Massenänderung der Probe mit dem Wert für die aufgenommene Stickstoffmenge übereinstimmt, der sich aus den theoretischen Überlegungen ergibt. Durch Integration über das Produkt der N Phasen des Konzentrationsverlaufs (s. Gl. (8) und (19), Kap. 2.4.2) und Probenoberfläche A erhält man über Umrechnung mit der molaren Dichte die Masse des von der Probe aufgenommenen Stickstoffs:

$$\left[\sum_{i}^{N-1}\int_{\varepsilon_{i-1}}^{\varepsilon_i}\left(C_{i-1,i}-\frac{\left(C_{i-1,i}-C_{i,i+1}\right)}{erf\left(\gamma_i\right)}erf\left(\frac{x}{\sqrt{4\cdot D\cdot t}}\right)dx\right)+\int_{\varepsilon_N}^{\infty}C_{N-1,N}\cdot erfc\left(\frac{x}{\sqrt{4\cdot D\cdot t}}\right)\right]\cdot A\cdot\frac{M_{mol}^{Nb}}{V_{mol}^{Nb}} \tag{25}$$

Mit Gleichung (25) kommt man auf einen theoretischen Massenzuwachs von 65,4 mg, was in etwa mit der gemessenen Gewichtszunahme von 67,0 mg übereinstimmt.

Einfluss der Pyrolysedauer bei 1000 °C unter Stickstoff

Als nächstes wurden Proben untersucht, die bei 1000 °C für 1 h, 10 h und 100 h pyrolysiert wurden, um den Einfluss der Zeit auf die entstehende Diffusionsschicht zu untersuchen (vgl. Abb. 4.24, Abb. 4.26 und Abb. 4.27). Ebenso wie in Hafnium weist die Gradientenschicht auch in Niob ein parabolisches Wachstumsverhalten auf.

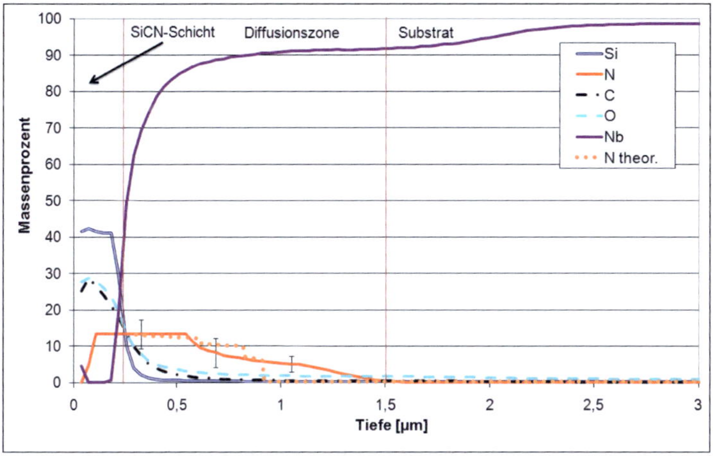

*Abb. 4.26: GDOES-Tiefenprofil einer mit ABSE beschichteten Niobprobe nach Pyrolyse für **1 h** bei 1000 °C unter* N_2

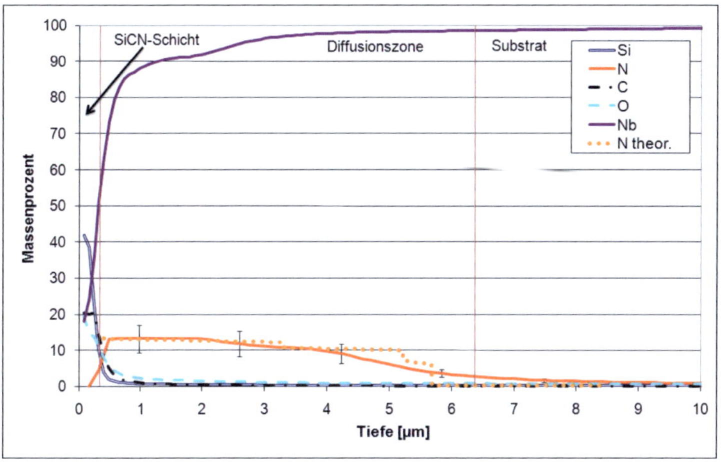

*Abb. 4.27: GDOES-Tiefenprofil einer mit ABSE beschichteten Niobprobe nach Pyrolyse für **100 h** bei 1000 °C unter* N_2

Reaktionen bei 1000 °C unter Argonatmosphäre

Betrachtet man die Ergebnisse der GDOES Messungen in Abb. 4.28 und Abb. 4.29 an Proben, die für 1 h bzw. 10 h bei 1000 °C unter Argonatmosphäre ausgelagert wurden, zeigt sich, dass sich nun keine nennenswerte Nitridschicht mehr ausbildet.

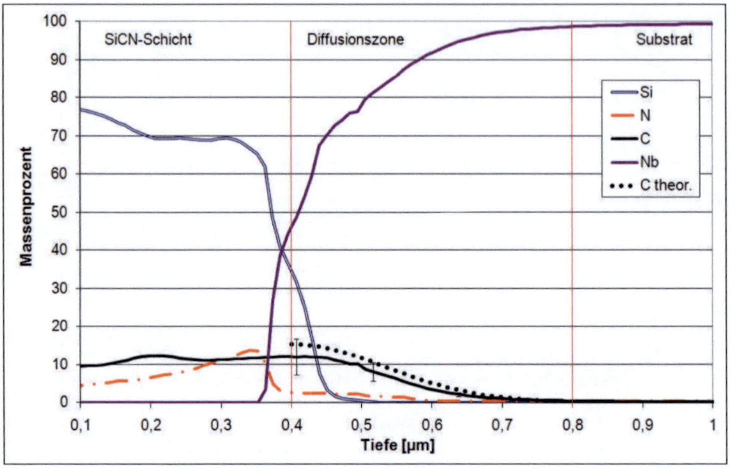

Abb. 4.28: GDOES-Tiefenprofil einer mit ABSE beschichteten Niobprobe nach Pyrolyse für 1 h bei 1000 °C unter ***Ar***

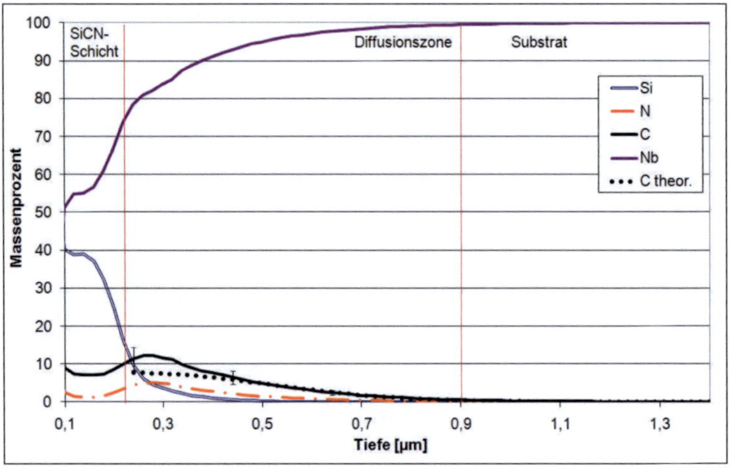

Abb. 4.29: GDOES-Tiefenprofil einer mit ABSE beschichteten Niobprobe nach Pyrolyse für 10 h bei 1000 °C unter ***Ar***

Stattdessen bildet sich eine Gradientenschicht durch Diffusion von Kohlenstoff in das Substrat, was sich auch mit den XRD Messungen deckt. Wie auch bei Hafnium ist die Dicke der Gradientenschicht unter Inertbedingungen deutlich kleiner, da die Menge an reaktiven Spezies auf die Anteile in der ABSE-Schicht begrenzt ist.

Vergleich mit unbeschichtetem Substrat

Um zu testen, wie sich eine unbeschichtete Probe im Vergleich zu einer beschichteten Probe verhält, wurde eine mit ABSE beschichtete Niobprobe zusammen mit einem unbeschichteten Niobblech für 10 h bei 1300 °C unter Stickstoffatmosphäre ausgelagert. Betrachtet man den Stickstoffverlauf in den beiden Proben nach der Pyrolyse, kann man sehen, dass die Verläufe nur wenig voneinander abweichen (s. Abb. 4.30). Die Eindringtiefe des Stickstoffs in der unbeschichteten Probe ist etwas größer als in der beschichteten Probe. Allerdings bewegen sich die Unterschiede zwischen den Stickstoffprofilen dabei stets im Rahmen der in Kap. 3.2.2 diskutierten Fehlergrenzen, so dass die Abweichungen in den Stickstoffprofilen nicht als signifikant gelten können. Es kann daraus also geschlossen werden, dass die Diffusion des Stickstoffs aus der Gasphase durch die dünne Precursorschicht nur in geringfügigem Ausmaß behindert wird. Somit zeigt sich auch die Gültigkeit der in Kap. 2.4.2 und 2.5 getroffenen Annahme, dass die Diffusionsverläufe in einer beschichteten Probe näherungsweise so berechnet werden können, als ob die Precursorschicht eine unendlich kleine Ausdehnung besitzt.

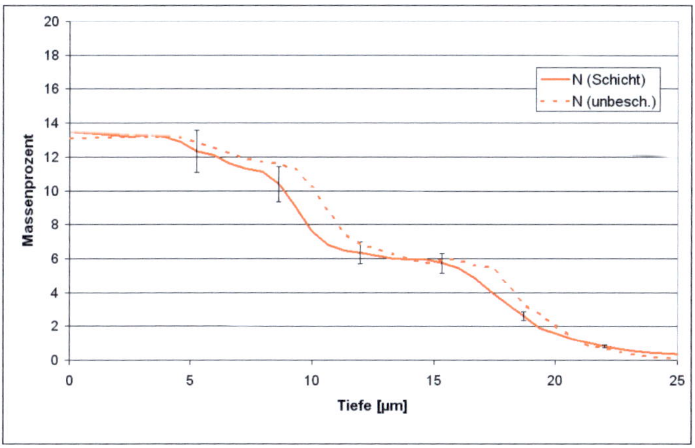

Abb. 4.30: GDOES-Tiefenprofil des Stickstoffverlaufs einer mit ABSE beschichteten und einer unbeschichteten Niobprobe nach Pyrolyse für 10 h bei 1300 °C unter N_2

Die Nitridierung läuft folglich in einer beschichteten Probe ebenso wie in einer unbeschichteten Probe ab. Die Erzeugung der Gradientenschicht durch Reaktion mit Molekülen aus der Gasphase wird durch die sehr dünne Precursorschicht nicht nennenswert behindert.

4.5.3 Tiefenprofile der Diffusionszone in Molybdän

Wie in Kap. 4.2 erwähnt, bildet Molybdän keine Nitride bei den verwendeten Temperaturen, weswegen keine Reaktion mit dem Stickstoff aus der Pyrolyseatmosphäre stattfinden sollte. Deswegen sollte es keinen Unterschied machen, ob Ar oder N_2 als Prozessgas verwendet wird. Auch unter Stickstoff sollte sich Molybdän ähnlich wie Hafnium und Niob unter Argon verhalten und nur eine sehr schmale Diffusionsschicht aus Carbiden bilden.

Lagert man ein mit ABSE beschichtetes Molydbänblech für 10 h bei 800 °C unter Stickstoffatmosphäre aus, zeigt sich in der GDOES Messung eine etwa 500 nm breite Diffusionszone, in der Kohlenstoff in das Metall hineindiffundiert (s. Abb. 4.31).

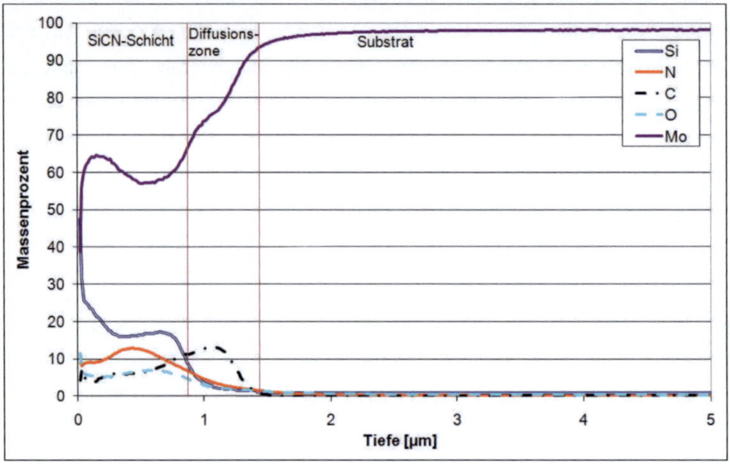

*Abb. 4.31: GDOES-Tiefenprofil einer mit ABSE beschichteten Molybdänprobe nach Pyrolyse für 10 h bei **800 °C** unter N_2*

Die Dicke der Schicht deckt sich auch mit den theoretischen Berechnungen zur interstitiellen Diffusion von Kohlenstoff in Molybdän aus einer begrenzten Quelle. Stickstoff nimmt, wie erwartet, nicht an der Bildung der Gradientenschicht teil, ebenso wie Silizium, das bei diesen Temperaturen noch nicht mit Molybdän zu reagieren beginnt. Die Bildung von $MoSi_2$ durch Interdiffusion läuft erst ab ca. 1200 °C mit nennenswerter Geschwindigkeit ab [HEN92]. Dies deckt sich auch mit der XRD-Messung, die zwei verschiedene Molybdäncarbide in dieser Probe detektieren konnte, aber keine anderen Phasen. Die Dicke der SiCN-Schicht ist mit 900 nm auf Molybdän

am größten von allen verwendeten Substratmaterialien. Dies deutet auf eine gute Benetzung der verwendeten ABSE-Lösung auf Molybdän hin.
Auch nach Pyrolyse für 10 h bei 1000 °C bleibt die SiCN-Schicht in etwa 900 nm dick. Die Diffusionszone wird dagegen sehr schmal und es kann nur noch bis in eine Tiefe von weniger als 200 nm Kohlenstoff im Metall gemessen werden (s. Abb. 4.32). Auch diese Messung wird durch die XRD-Analyse unterstützt, welche bei dieser Probe keine Signale von Molybdäncarbidphasen mehr aufgezeichnet haben. Diese Erkenntnis lässt den Schluss zu, dass die Molybdäncarbidschicht bei höheren Temperaturen nicht stabil ist und sich der Kohlenstoff gleichmäßig in der Molybdänmatrix verteilt, wobei der Gehalt dabei unter 1 At.-% C sinkt und nicht mehr zuverlässig detektiert werden kann. Vermutlich aufgrund des hohen Diffusionskoeffizienten von Kohlenstoff in Molybdän bleibt die Gradientenschicht somit nicht mehr stabil und löst sich bei Temperaturen über 1000 °C schon nach kurzer Auslagerungszeit auf.

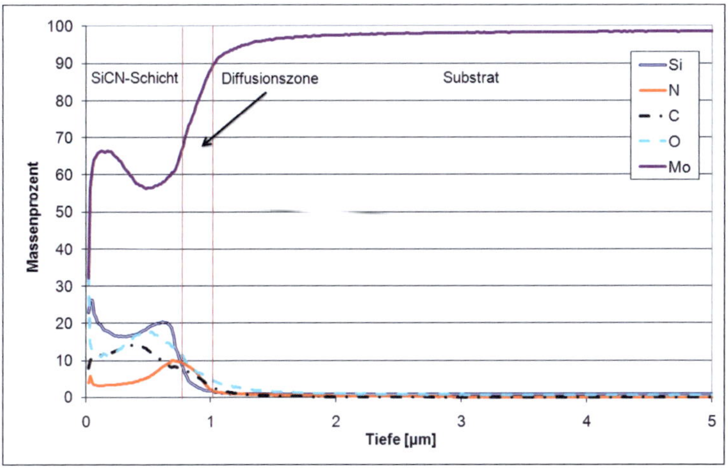

*Abb. 4.32: GDOES-Tiefenprofil einer mit ABSE beschichteten Molybdänprobe nach Pyrolyse für 10 h bei **1000 °C** unter N_2*

Insgesamt lässt sich also feststellen, dass die SiCN-Schicht auf Molybdän eine hohe Dicke aufweist, sich jedoch nur bei Temperaturen bis 800 °C eine Gradientenschicht ausbildet. Bei Temperaturen von über 1000 °C war es nicht mehr möglich Gradientenschichten in beschichteten Molybdänproben herzustellen.

4.5.4 Zusammenfassung der GDOES-Analyse

Es konnte gezeigt werden, dass die theoretischen Vorhersagen bezüglich des Aufbaus der Gradientenschicht im Rahmen der Messgenauigkeit mit den Messungen übereinstimmen. Somit sollte der mathematische Ansatz zur Berechnung des Verlaufs der Gradientenschicht auch für andere Zeiten und Temperaturen anwendbar sein. Bei Kenntnis des Phasendiagramms und der Diffusionskoeffizienten kann die Bildung der Gradientenschicht durch Reaktion mit den Gasen aus der Ofenatmosphäre oder den Precursorelementen - auch für andere Kombinationen von Übergangsmetallen und Precursoren - modelliert werden, ohne aufwändige experimentelle Versuchsreihen durchführen zu müssen. Mit Hilfe der Formel:

$$W = \sum_{i}^{N} \varepsilon_i = \sum_{i}^{N} \gamma_i \sqrt{4 D_i t} \qquad (26)$$

kann die Breite W der Diffusionszone als Summe der Breiten der einzelnen Phasen ε_i abgeschätzt werden, wenn die Zustandsgebiete aller gebildeten Phasen und ihre Diffusionskoeffizienten D_i bekannt sind. Der Faktor γ_i ergibt sich aus den Existenzbereichen der Phasen im Phasendiagramm nach Gleichung (19).

4.6 Analyse an Niobprobe im Transmissionselektronenmikroskop

Für eine detailliertere Betrachtung des Aufbaus der Diffusionszone wurden dünne Lamellen aus der Oberfläche der Proben mit Hilfe des Focused-Ion-Beam Verfahren herausgeschnitten und im Transmissionselektronenmikroskop (TEM) analysiert. Durch die im Vergleich zum REM höhere Auflösung konnten die einzelnen Phasen, aus denen die Gradientenschicht besteht, charakterisiert werden. In Abb. 4.33 ist die Gradientenschicht einer mit ABSE beschichteten Niob-Probe zu sehen, die für 10 h bei 1000 °C unter Stickstoffatmosphäre pyrolysiert wurde.

Die drei gebildeten Nitridphasen sind dabei deutlich unterscheidbar. Auch ist die statistische Schwankung der Schichtdicke zu erkennen, welche zur Abweichung der GDOES-Messdaten von den theoretischen Verläufen führt, was bereits in Kapitel 3.2 angesprochen wurde.

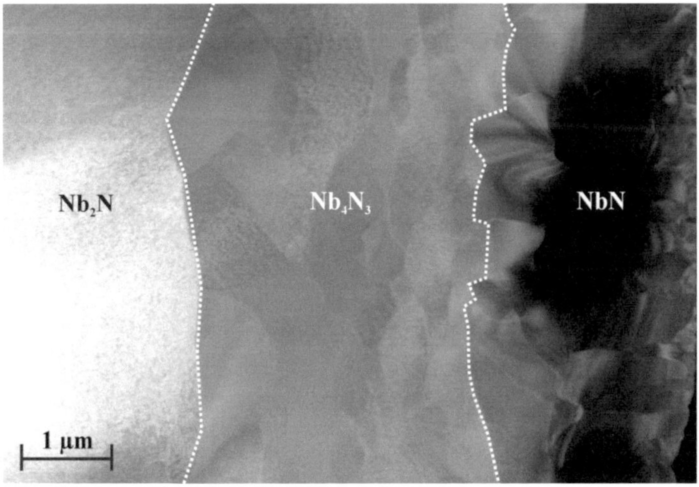

Abb. 4.33: STEM Aufnahme der Diffusionszone in Niobprobe nach Pyrolyse für 10 h bei 1000 °C unter N_2

Zur Identifikation der unterschiedlichen Nitridphasen wurden in jedem Bereich mehrere Beugungsbilder aufgenommen und. Durch Indizierung der Beugungsbilder kann die Kristallstruktur und somit die Phasenzusammensetzung bestimmt werden.

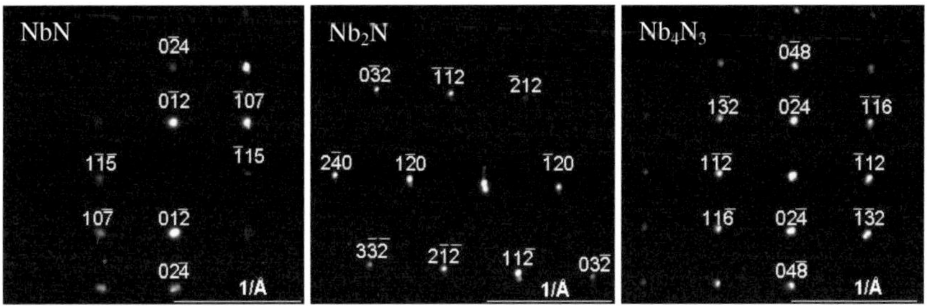

Abb. 4.34: TEM-Beugungsbilder der unterschiedlichen Nitridphasen in Niobprobe nach Pyrolyse für 10 h bei 1000 °C unter N_2

In Abb. 4.34 sind Beugungsbilder der verschiedenen Niobnitride innerhalb der Gradientenschicht zu sehen. Durch Identifikation der einzelnen Phasen wird die theoretisch sowie mit GDOES experimentell ermittelte Zusammensetzung der Diffusionszone bestätigt. Der Aufbau der Gradientenschicht, wie er im TEM bestimmt wurde, entspricht somit sehr gut dem theoretischen Modell und ergänzt die GDOES Charakterisierung hervorragend.

4.7 Chemische Analyse der Diffusionszone von Niobprobe mit Mikrosonde

Zur Ergänzung der Messungen mittels Glimmentladungsspektroskopie wurde der Stickstoffverlauf innerhalb der Gradientenschicht noch mit einer Mikrosondenmessung analysiert. Durch die deutlich geringere laterale Streuung kann mit Hilfe dieser Messung eine bessere Identifikation der Konzentrationssprünge an den Grenzen zwischen den einzelnen Nitridphasen erfolgen. Allerdings ist die Kalibration der Messwerte hier deutlich schwieriger, da die Detektion von leichten Elementen wie Stickstoff mit EDX und WDX immer fehlerbehaftet ist. Aufgrund dieser Streuung lassen sich für kleine Diffusionslängen im Bereich weniger Mikrometer keine zuverlässigen Konzentrationsverläufe bestimmen. Erst ab einer Diffusionstiefe von wenigstens 10 µm liefert die Messung eine repräsentative Abbildung der chemischen Zusammensetzung.

In Abb. 4.35 ist der Stickstoffverlauf einer mit ABSE beschichteten Niob-Probe zu sehen, die für 10 h bei 1300 °C unter Stickstoff pyrolysiert wurde. Interpoliert man den Verlauf, ist der Konzentrationsgradient sehr gut zu bestimmen und entspricht mit einer Abweichung von unter 3 % den aus dem Phasendiagramm erhaltenen Konzentrationen für die unterschiedlichen Phasen. Der Sprung von der Nb_2N-Phase zur Nb(N)-Phase ist sehr ausgeprägt, während der Sprung zwischen der NbN_{1-x}-Phase und der Nb_2N Phase aufgrund des deutlich geringeren Konzentrationsunterschieds weniger ausgeprägt ist.

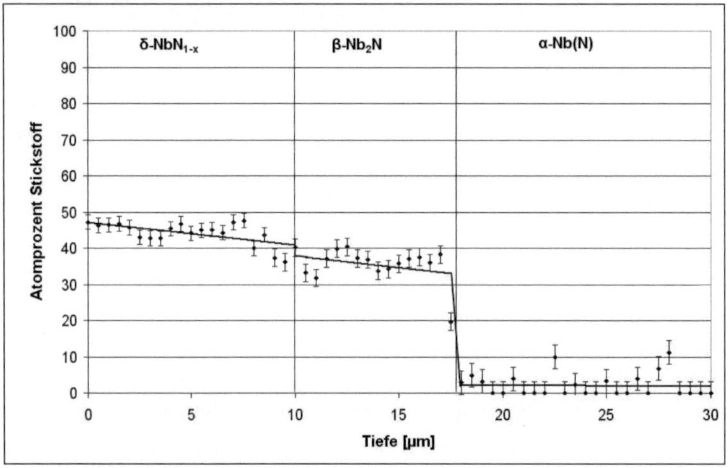

Abb. 4.35: Mikrosondenmessung des Stickstoffverlaufs innerhalb der Diffusionszone einer mit ABSE beschichteten Niobprobe nach Pyrolyse für 10 h bei 1300 °C unter N_2

Somit bestätigt auch die Mikrosondenmessung den theoretisch ermittelten bzw. mit anderen Methoden experimentell gemessenen Verlauf innerhalb der Diffusionszone für diese Probe.

4.8 Adhäsionstests

Die Haftung der Schichten ist sehr wichtig, da eine gute Anbindung zwischen Keramik und Metall essentiell für die Stabilität des Verbundwerkstoffes ist. Aufgrund der Gradientenschicht lässt sich eine hervorragende Adhäsion erwarten, da sich Precursorschicht und Metall über mehrere Zwischenphasen chemisch miteinander verbinden. Auch in früheren Untersuchungen an Precursorschichten auf Stahl konnte gezeigt werden, dass die Anbindung der Schicht auf dem Substrat exzellent ist [GUE10]. Um die Güte der Anhaftung zu beurteilen, wurden die Gitterschnittkennwerte der Schichten nach dem Gitterschnittverfahren (DIN EN ISO 2409) bestimmt.

Auf allen Substratmaterialien wurde für die Haftung der Schicht der Gitterschnittkennwert GT 0 ermittelt, welcher dem besten Ergebnis für die Adhäsion nach der Gitterschnittmethode entspricht. Die untersuchten Schichten weisen keine Abplatzungen sowie saubere Schnittkanten auf, wie es aufgrund der hervorragenden Anhaftung durch die Gradientenschicht zu erwarten war (s. Abb. 4.36 und Abb. 4.37).

Abb. 4.36: REM-Aufnahme der Schnittkanten in SiCN-Schicht auf Mo-Substrat (Pyrolyse für 10 h bei 1000 °C unter N_2)

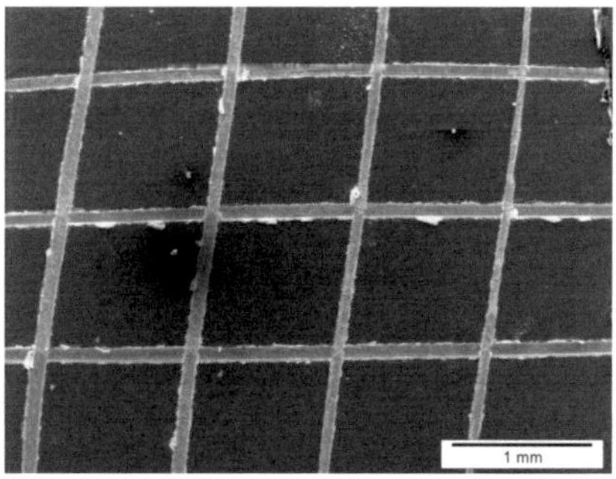

Abb. 4.37: REM-Aufnahme des Gitterschnitts in SiCN-Schicht auf Nb-Substrat (Pyrolyse für 10 h bei 1000 °C unter N_2)

Auch die Auslagerungstemperatur zeigt keinen nennenswerten Einfluss auf die Anhaftung der Schichten, da auch bei einer Pyrolysetemperatur von 800 °C hervorragend anhaftende Schichten erhalten wurden. Ebenso konnte keine Abnahme der Haftung mit der Auslagerungsdauer festgestellt werden.

4.9 Mikrohärtemessungen

Keramische Beschichtungen werden auf metallische Materialien aufgebracht, um unter anderem deren Oberflächenhärte zu verbessern, weswegen eine Messung dieses Materialparameters für die synthetisierten Schichten interessant ist [WAN99, GAO06]. Die Mikrohärteprüfung erlaubt es, die Härte von sehr dünnen Schichten zu untersuchen, da mit extrem kleinen Prüfgewichten, bis herunter zu 1 mN, gearbeitet werden kann, so dass deutlich weniger als 1 µm tief in das Material eingedrungen wird. Dadurch kann sichergestellt werden, dass nur die Härte der Beschichtung gemessen wird und nicht die Härte des Substrats. Da die Härtemessungen sehr stark streuen, wurden jeweils mindestens an 10, in den meisten Fällen an bis zu 20 Stellen gemessen, um einen guten Mittelwert zu erhalten.

4.9.1 Oberflächenhärte der ABSE-basierten Schichten auf Hafnium

Einfluss der Pyrolysedauer bei 1000 °C unter Stickstoffatmosphäre

Wie die GDOES Messungen in Kapitel 4.5.1 gezeigt haben, sind die SiCN-Schichten auf den Hf-Substraten auch nach 100 h Pyrolysedauer noch ca. 700 nm dick. Da bei 1000 °C die Keramisierung nach einer Stunde bereits abgeschlossen ist, wie in den thermogravimetrischen Untersuchungen von [GUE10] festgestellt wurde, sollte sich die chemische Zusammensetzung und Struktur der Schicht mit der Zeit nicht mehr ändern. Die Zusammensetzung und Dicke der Gradientenschicht sollte bei Wahl einer geringen Eindringtiefe des Messkörpers von weniger als 100 nm keinen Einfluss auf die Messung der Oberflächenhärte haben. Dies deckt sich mit der Vorschrift nach DIN EN ISO 14577, dass die Eindringtiefe maximal 1/10 der Schichtdicke betragen soll, um den Einfluss des Substratmaterials auf die Messung auszuschließen. Somit können die Effekte durch die Diffusion auf die Härte der Oberfläche ausgeschlossen werden. Es wird also kein Unterschied in den Oberflächenhärten erwartet, was auch im Rahmen der Messgenauigkeit durch die Messung bestätigt wird (s. Abb. 4.38). Es kann in allen Fällen durch die Beschichtung eine deutliche Zunahme der Härte gegenüber unbehandeltem Hafnium beobachtet werden.

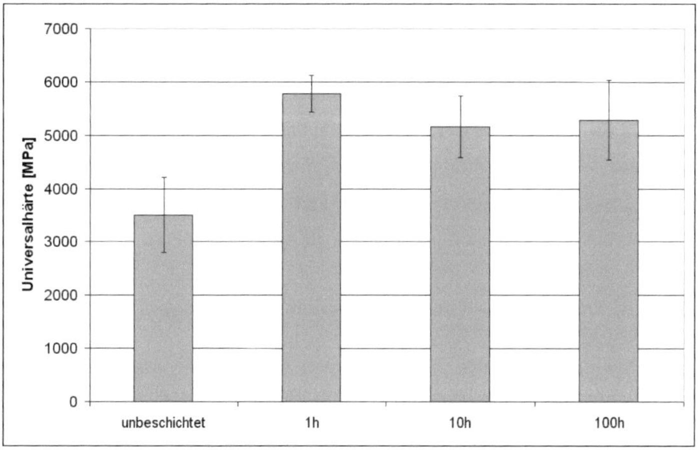

Abb. 4.38: Mikrohärte von ABSE-basierten Schichten auf Hafnium in Abhängigkeit der Auslagerungsdauer nach Pyrolyse bei 1000°C unter N_2

Einfluss der Temperatur unter Stickstoff-/Argonatmosphäre

Der Einfluss der Temperatur sollte sich dagegen deutlich zeigen, da die Struktur und Dichte der Schicht durch die Pyrolysetemperatur beeinflusst wird (s. Abb. 4.39).

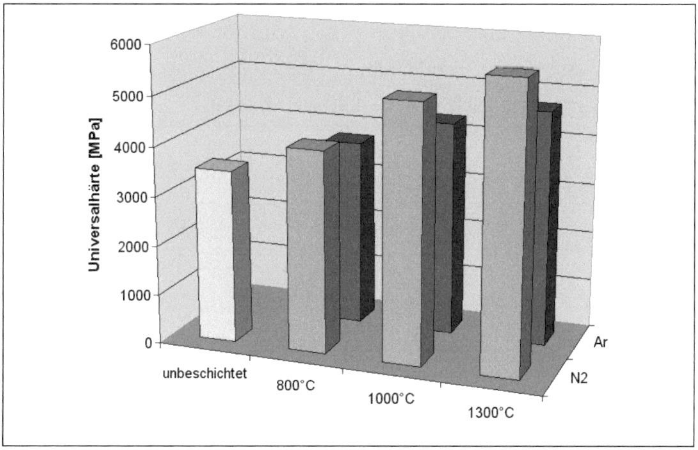

Abb. 4.39: Mikrohärte von ABSE-basierten Schichten auf Hafnium in Abhängigkeit der Temperatur nach Pyrolyse für 10 h unter Ar bzw. N_2

Nach Pyrolyse bei 800 °C zeigt sich nur eine geringe Zunahme der Oberflächenhärte, während sich ab 1000 °C eine deutliche Aufhärtung der Oberfläche erkennen lässt.

Nach Pyrolyse bei 1300 °C nimmt die Härte den größten Wert an. Ein Anstieg der Härte von pyrolysierten Precursorkeramiken mit der Temperatur bis 1300 °C konnte auch an den Polymeren HPS und HVNG beobachtet werden [ZIE99]. Es lässt sich außerdem beobachten, dass die Härte der Schicht nach Auslagerung unter Stickstoffatmosphäre etwas höher ist, als nach der Auslagerung unter Inertbedingungen. Insgesamt lässt sich also eine deutliche Erhöhung der Härte durch die Beschichtung ab einer Pyrolysetemperatur von 1000 °C feststellen.

4.9.2 Oberflächenhärte der ABSE-basierten Schichten auf Niob

Die keramischen Schichten auf den Niobsubstraten weisen eine deutlich geringere Dicke auf, wie die GDOES Untersuchungen gezeigt haben. Aus diesem Grund musste für die Härtemessung eine noch geringere Eindringtiefe gewählt werden, um die Härte der Oberfläche korrekt messen zu können. Durch Verringerung der Kraft, mit welcher der Indentor in die Oberfläche eingedrückt wird, erhöht sich im Allgemeinen die Streuung der Messwerte, wodurch die resultierende Standardabweichung größer wird.

Einfluss der Pyrolysedauer bei 1000 °C unter Stickstoffatmosphäre

Da die Pyrolysedauer bei 1000 °C Auslagerungstemperatur keinen Einfluss auf die Härte der beschichteten Hafniumproben gezeigt hat, wird für die Precursorschichten auf Niob keine nennenswerte Veränderung der Oberflächenhärte mit der Auslagerungsdauer erwartet, wie auch in Abb. 4.40 zu sehen ist.

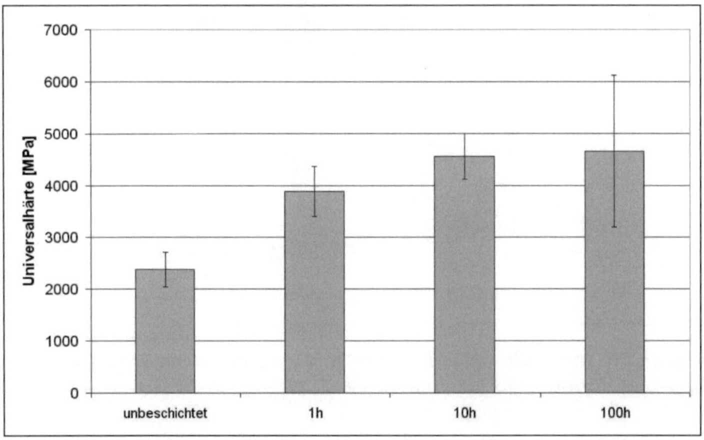

Abb. 4.40: Mikrohärte von ABSE-basierten Schichten auf Niob in Abhängigkeit der Auslagerungsdauer nach Pyrolyse bei 1000°C unter N_2

Die dünneren Keramikschichten auf Niob weisen eine etwas geringere Härte auf, als die dickeren Schichten auf Hafnium. Der Anstieg der Oberflächenhärte gegenüber dem unbeschichteten Niob ist jedoch wieder sehr deutlich ausgeprägt. Auch ist im Rahmen der Messgenauigkeit kein signifikanter Anstieg der Härte mit der Auslagerungsdauer zu erkennen.

Einfluss der Temperatur unter Stickstoff-/Argonatmosphäre

Der Einfluss der Temperatur fällt hingegen auf den beschichteten Niobsubstraten noch deutlicher aus, wie in Abb. 4.41 zu sehen ist.

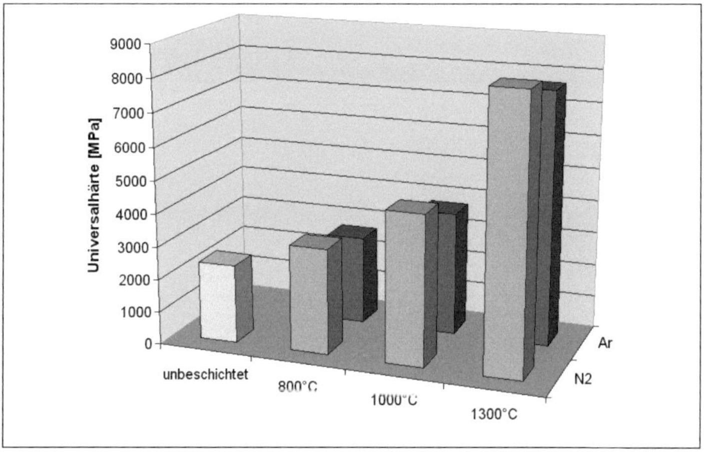

Abb. 4.41: Mikrohärte von ABSE-basierten Schichten auf Molybdän in Abhängigkeit der Temperatur nach Pyrolyse für 10 h unter Ar bzw. N_2

Dies ist auf die deutlich größere Härte von NbN im Vergleich zu SiCN zurückzuführen, da die Precursorschicht auf dem Niobsubstrat nach der Pyrolyse bei 1300 °C extrem dünn geworden ist, und die Oberflächenhärte in diesem Fall trotz sehr geringer Messtiefe durch die sehr harte NbN Gradientenschicht beeinflusst wird. Da die Schichtdicke auf unter 100 nm abgesunken ist, kann die Härte der Beschichtung nicht mehr eindeutig bestimmt werden. Wie in den GDOES Messungen festgestellt wurde, ist die SiCN-Schicht bei dieser Auslagerungstemperatur so dünn, dass sie im GDOES nicht mehr aufgelöst werden konnte, was bedeutet, dass sie eine Dicke von höchstens 100 nm aufweist. Daher kann die Härte der Schicht selbst bei kleinsten Eindringgewichten nicht mehr gemessen werden, ohne einen Einfluss der darunterliegenden Gradientenschicht zu erhalten.

4.9.3 Oberflächenhärte der ABSE-basierten Schichten auf Molybdän

Einfluss der Pyrolysedauer bei 1000 °C unter Stickstoffatmosphäre

Die Härte der keramischen Schichten auf Molybdän bewegt sich in derselben Größenordnung wie die Beschichtungen auf den Niobsubstraten. Ebenso wie für die anderen beiden Substrate ist auch hier keine Änderung der mechanischen Schichteigenschaften mit der Auslagerungsdauer messbar (vgl. Abb. 4.42). Wie bei Niob kann durch die Beschichtung eine deutliche Verbesserung der Oberflächenhärte gegenüber unbeschichtetem Molybdän erreicht werden.

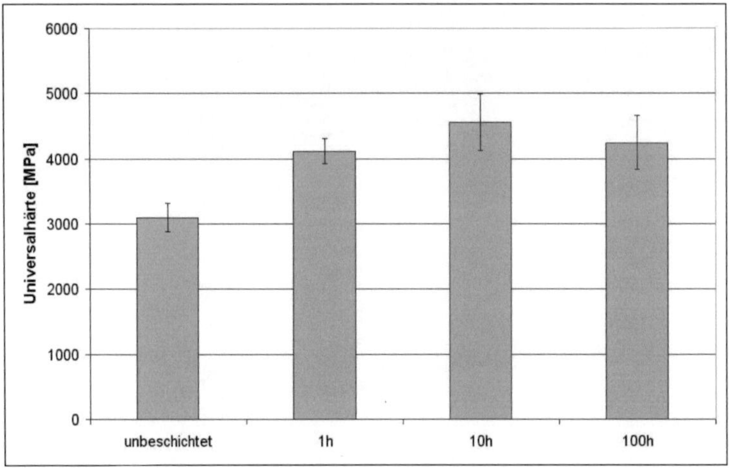

Abb. 4.42: Mikrohärte von ABSE-basierten Schichten auf Molybdän in Abhängigkeit der Auslagerungsdauer nach Pyrolyse bei 1000 °C unter N_2

Einfluss der Temperatur unter Stickstoffatmosphäre

Für die Entwicklung der Oberflächenhärte mit der Auslagerungstemperatur gilt dasselbe wie für die anderen Substratmaterialien. Nach Auslagerung bei 800 °C kann keine Verbesserung der Härte gegenüber dem unbeschichteten Substrat gemessen werden, erst ab 1000 °C zeigt sich ein Anstieg der Härte. Findet die Pyrolyse bei einer Temperatur von 1300 °C statt, zeigt sich ein deutlicher Anstieg der Härte der Beschichtung (s. Abb. 4.43). Im Gegensatz zu den Beschichtungen auf Hafnium und Niob konnte für die Precursorschichten auf Molybdän kein prägnanter Unterschied durch Variieren der Pyrolyseatmosphäre festgestellt werden. Aus diesem Grund sind hier nur die Messwerte für Schichten dargestellt, die unter Stickstoffatmosphäre pyrolysiert wurden.

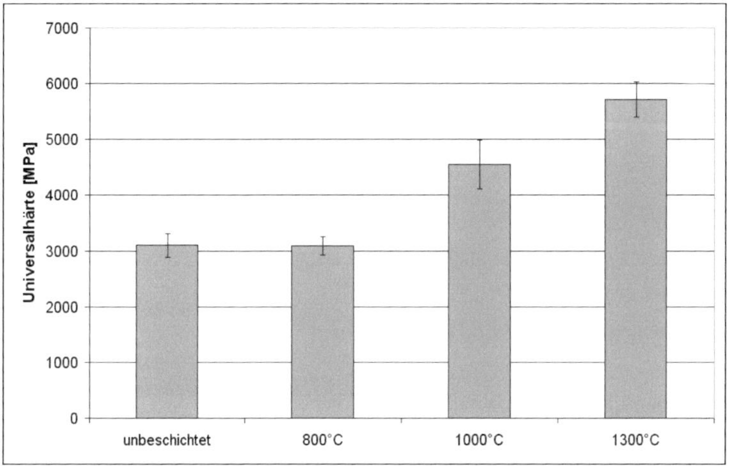

Abb. 4.43: Mikrohärte von ABSE-basierten Schichten auf Hafnium in Abhängigkeit der Temperatur nach Pyrolyse für 10 h unter N_2

4.10 Untersuchung der Oxidationsbeständigkeit beschichteter Substrate

Keramische Schichten auf Metallen dienen in vielen Fällen der Verbesserung der Oxidationsbeständigkeit. Auf dem Gebiet der Precursorkeramik werden derartige Beschichtungen schon seit einiger Zeit mit sehr guten Ergebnissen synthetisiert [TOR06b, TOR07b, GUE07, GUE09, GUE09b, GUE10, FLO08, KRA09]. Da die verwendeten Metalle Hafnium, Niob und Molybdän schon bei relativ niedrigen Temperaturen sehr stark oxidieren, wurden die im Rahmen dieser Arbeit hergestellten Schichten auch auf ihre Schutzwirkung in sauerstoffhaltiger Umgebung getestet. Dazu wurden beschichtete und anschließend pyrolysierte Proben für verschiedene Zeiten zwischen 1 bis 50 h unter Luft bei Temperaturen, bei denen die reinen Metalle bereits starke Oxidation zeigen, ausgelagert. Es wurde außerdem zwischen Schichten unterschieden, die bei 800 °C bzw. 1000 °C pyrolysiert wurden, da sich die resultierenden Keramiken hinsichtlich Dicke und Zusammensetzung leicht unterscheiden. Die Stärke der Oxidation wurde anhand der Massenzunahme bzw. der optischen Erscheinung der Oberfläche unter dem Elektronenmikroskop beurteilt. Dabei wurde betrachtet, ob die Proben auch nach der Oxidation noch eine geschlossene Schicht aufweisen oder ob diese durch Bildung von Metalloxiden abzuplatzen beginnt oder Risse entwickelt.

4.10.1 Oxidationsverhalten von beschichteten Hafniumproben

In Vorversuchen zeigte sich, dass reines Hafnium ab 500 °C zu oxidieren beginnt. Die passivierende Oxidschicht, die Hafnium schon bei Raumtemperatur ausbildet, kann das Metall schon ab Temperaturen von 500 °C nicht mehr vor Oxidation schützen. Somit schreitet die Umwandlung von Hf zu HfO_2 bei erhöhter Temperatur stetig fort. Ab 800 °C oxidiert das Metall sehr schnell und eine Probe von 1 mm Dicke ist nach mehreren Stunden komplett zu Hafniumoxid umgewandelt. Zum Test wurden beschichtete Hafniumbleche für 10 h bei 500 °C bzw. 1 h bei 700 °C ausgelagert. Die Ergebnisse der Gewichtszunahme sind in Tab. 4.1 und Tab. 4.2 zu sehen.

*Tab. 4.1: Vergleich der Gewichtszunahme von unbeschichteten gegenüber beschichteten Hafniumproben (vorherige Pyrolyse für 10 h bei 800 bzw. 1000 °C unter N_2) nach Oxidation für **10 h** an Luft bei **500 °C***

Probe	Gewichtszunahme pro Fläche
Hf unbeschichtet	0,14 mg/cm²
Hf mit ABSE (800 °C Pyrolysetemp.)	0,08 mg/cm²
Hf mit ABSE (1000 °C Pyrolysetemp.)	0,05 mg/cm²

*Tab. 4.2: Vergleich der Gewichtszunahme von unbeschichteten gegenüber beschichteten Hafniumproben (vorherige Pyrolyse für 10 h bei 800 bzw. 1000 °C unter N_2) nach Oxidation für **1 h** an Luft bei **700 °C***

Probe	Gewichtszunahme pro Fläche
Hf unbeschichtet	0,54 mg/cm²
Hf mit ABSE (800 °C Pyrolysetemp.)	0,24 mg/cm²
Hf mit ABSE (1000 °C Pyrolysetemp.)	0,19 mg/cm²

Somit wurde die Oxidationsbeständigkeit des Substratmaterials durch die Beschichtung verbessert, auch wenn die Schichten nur eine Dicke von etwas über einem halben Mikrometer aufweisen. Auch sind die SiCN-Schichten nach der Auslagerung bei 700 °C noch intakt und weisen keine Risse oder Abplatzungen auf. Selbst nach 50 h bei 500 °C ist die SiCN-Schicht noch stabil. In Abb. 4.44 ist eine rasterelektronenmikroskopische Aufnahme der Precursorschicht nach Oxidation für 1 h bei 700 °C abgebildet.

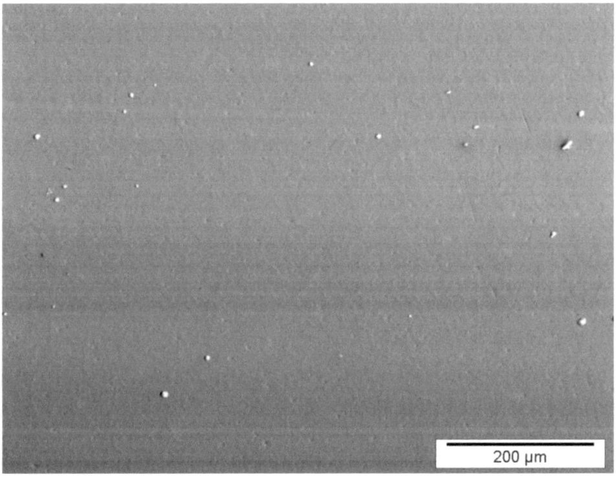

Abb. 4.44: REM-Aufnahme der Oberfläche einer mit ABSE beschichteten Hafniumprobe (Pyrolyse für 10 bei 1000°C) nach Oxidation für 1 h bei ***700 °C***

Ab 800 °C Auslagerungstemperatur konnte dagegen keine Verbesserung der Oxidationsbeständigkeit mehr beobachtet werden. In diesem Temperaturbereich verändert sich das Oxidationsverhalten von Hafnium und die Oxidschicht wächst linear mit der Zeit und nicht mehr parabolisch wie unterhalb von 800 °C [SME57]. Bei dem Übergang zur linearen Reaktionskinetik bildet sich eine poröse Oxidschicht an der Oberfläche, welche weitere Oxidation im Gegensatz zu einer dichten Oxidschicht nicht mehr bremst (vgl. die Arbeiten von Wagner zur Oxidationskinetik [WAG52]). Das Volumen der Oxidschicht an der Oberfläche nimmt zu, weswegen sie nicht mehr dicht ist und nicht mehr gut am Metall haftet, sondern beginnt, Defekte wie Risse, Poren und Korngrenzen zu bilden und sich abzulösen. Dadurch sind die darunter liegenden Bereiche nicht mehr durch eine dünne Oxidschicht vor Oxidation geschützt und die Reaktion schreitet deutlich schneller voran. Damit verliert auch die keramische Schicht ihre Anbindung und somit ihre Schutzwirkung. Aus diesem Grund kann die Beschichtung die Oxidationsbeständigkeit nur im Temperaturbereich von 500 bis 700 °C verbessern, solange eine parabolische Oxidationskinetik besteht, bei der die entstehende Oxidschicht die weitere Diffusion von Sauerstoff behindert.

4.10.2 Oxidationsverhalten von beschichteten Niobproben

Niob weist noch eine viel geringere Oxidationsbeständigkeit als Hafnium auf. Niob oxidiert bereits ab 400 °C und zeigt ab 450 °C lineares Oxidationsverhalten. Während sich bei 400 °C noch NbO bildet, wird ab 450 °C Nb_2O_5 gebildet, welches eine deutlich größere Elementarzelle als NbO hat. Deswegen ist die Oxidation ab 450 °C mit einer ausgeprägten Volumenzunahme verbunden, wodurch das resultierende Oxid extrem brüchig und porös wird und das Metall innerhalb kurzer Zeit komplett oxidiert. Aus diesem Grund kann die dünne Beschichtung in diesem Temperaturregime keinen nennenswerten Schutz mehr bilden. Durch die große Volumenzunahme platzt die Schicht sofort ab und verliert ihre Schutzwirkung. Aus diesem Grund wurden die Oxidationsversuche bei 400 °C vorgenommen, da die Oxidation hier noch parabolisch verläuft. Untersucht wurden Beschichtungen, die durch Pyrolyse für 1 h bei 800 °C bzw. 1000 °C unter Stickstoff erzeugt wurden und danach für 10 h bei 400 °C ausgelagert wurden. Die Ergebnisse der Oxidationsversuche der verschiedenen Niobproben sind in Tab. 4.3 zu sehen.

*Tab. 4.3: Vergleich der Gewichtszunahme von unbeschichteten gegenüber beschichteten Niobproben (vorherige Pyrolyse für 10 h bei 800 bzw. 1000 °C unter N_2) nach Oxidation für **10 h** an Luft bei **400 °C***

Probe	Gewichtszunahme pro Fläche
Nb unbeschichtet	7,28 mg/cm²
Nb mit ABSE (800 °C Pyrolysetemp.)	0,07 mg/cm²
Nb mit ABSE (1000 °C Pyrolysetemp.)	0,19 mg/cm²

An der geringen Gewichtszunahme der beschichteten Proben kann die Schutzwirkung der Keramikschicht sehr gut abgelesen werden. Es zeigen sich nach 10 h noch keine Defekte an der Schicht, die immer noch dicht und geschlossen ist. In Abb. 4.45 ist eine REM-Aufnahme der Precursorschicht nach Oxidation für 10 h bei 400 °C an Luft dargestellt.

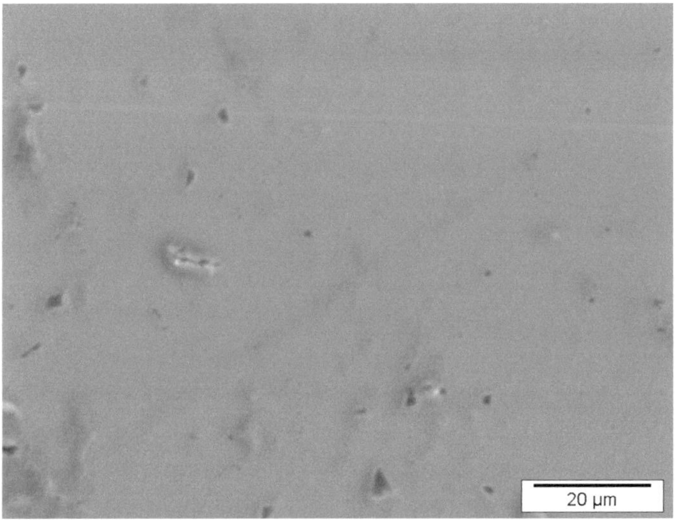

*Abb. 4.45: REM-Aufnahme der Oberfläche einer mit ABSE beschichteten Niobprobe (Pyrolyse für 10 bei 1000°C) nach Oxidation für **10 h** bei **400 °C***

Ab 450 °C dagegen beginnt sich die SiCN-Schicht nach etwas mehr als 1 h abzulösen und ist nach 10 h Haltezeit praktisch komplett abgelöst. Die Schutzwirkung der Beschichtung verliert sich schon nach wenigen Stunden Auslagerungszeit. Bei noch höheren Temperaturen, platzt die Beschichtung bereits nach wenigen Minuten Oxidationsdauer ab.

4.10.3 Oxidationsverhalten von beschichteten Molybdänproben

In den ersten Versuchen hat sich herausgestellt, dass reines Molybdän ab 500 °C zu oxidieren beginnt. Bei höheren Temperaturen schreitet die Oxidation von Molybdän ebenso wie bei den anderen beiden Metallen sehr schnell voran. Aufgrund des niedrigen Schmelzpunkts von Molybdän(VI)Oxid von nur 795 °C beginnt sich das gebildete Oxid ab einer Temperatur von 600 °C zu verflüchtigen. Deshalb wurde eine Temperatur von 500 °C für die Oxidationsversuche gewählt. Es wurde wieder zwischen Beschichtungen, die bei 800 °C bzw. 1000 °C hergestellt wurden unterschieden. Dabei konnte für die bei 1000 °C synthetisierte Keramikschicht eine leichte Verbesserung der Oxidationsbeständigkeit festgestellt werden (vgl. Tab. 4.4).

*Tab. 4.4: Vergleich der Gewichtszunahme von unbeschichteten gegenüber beschichteten Molybdänproben (vorherige Pyrolyse für 10 h bei 800 bzw. 1000 °C unter N_2) nach Oxidation für **10 h** an Luft bei **500 °C***

Probe	Gewichtszunahme pro Fläche
Mo unbeschichtet	4,06 mg/cm²
Mo mit ABSE (800 °C Pyrolysetemp.)	4,77 mg/cm²
Mo mit ABSE (1000 °C Pyrolysetemp.)	1,40 mg/cm²

Aber auch wenn die Massenzunahme bei der Probe, deren Schicht bei 1000 °C pyrolysiert wurde, deutlich geringer ist als die der unbeschichteten Probe, weist die Schicht nach dem Oxidationsversuch deutliche Schäden auf. Durch die große Volumenausdehnung bei der Bildung des Oxids, bilden sich sehr schnell Abplatzungen und Risse, die sich von den Fehlstellen in der Schicht ausbreiten, wie in dem REM Bild in Abb. 4.46 zu sehen ist.

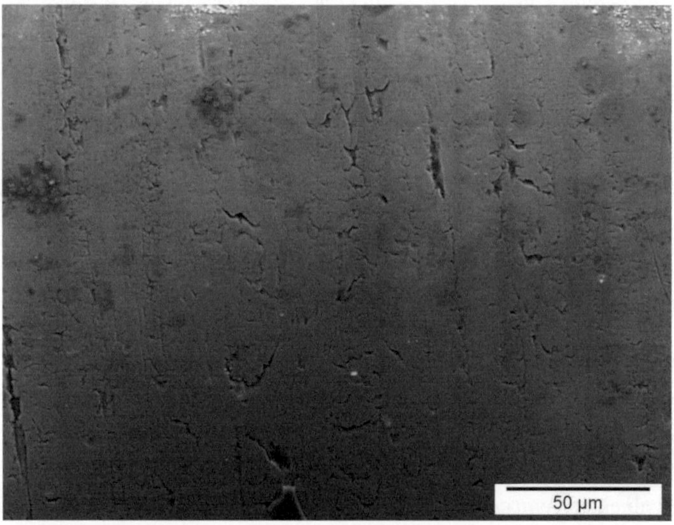

*Abb. 4.46: REM-Aufnahme der Oberfläche einer mit ABSE beschichteten Molybdänprobe (Pyrolyse für 10 bei 1000°C) nach Oxidation für **10 h** bei **400 °C***

Die Oxidation von Molybdän verläuft von Anfang an linear und die gebildete Schicht aus MoO_3 verflüchtigt sich aufgrund des hohen Dampfdrucks sehr schnell, wodurch die Oxidation ungehindert fortschreiten kann. Somit kann durch Beschichtung keine

Schutzwirkung erzielt werden. Schon durch lokale Oxidation an einzelnen, etwas dünneren Stellen der Schicht, wird die Schicht sehr schnell abgelöst. Dies steht im Gegensatz zu der Verbesserung der Oxidationsbeständigkeit, die auf Stählen durch Beschichtung mit ABSE erreicht werden konnte [GUE10]. Bei beschichteten Stählen wird die Schutzwirkung der keramischen Schicht allerdings durch die Bildung einer passivierend wirkenden SiNCrO-Oberflächenschicht unterstützt, welche sich durch Reaktion der Precursorschicht mit dem im Stahl enthaltenen Chrom ausbildet [GUE10].

5 Zusammenfassung und Ausblick

Durch reaktive Precursorbeschichtung mit dem Polymer ABSE konnten auf den Übergangsmetallen Hafnium, Niob und Molybdän bei Temperaturen von 800, 1000 und 1300 °C Gradientenschichten synthetisiert werden. Die während der Pyrolyse aus dem Precursor entstehende amorphe SiCN-Keramikschicht reagiert bei den untersuchten Temperaturen ab 800 °C mit dem metallischen Substrat und es entstehen im Übergangsbereich durch interstitielle Diffusion Schichten aus Carbiden und Nitriden mit unterschiedlicher chemischer Zusammensetzung. Die gebildeten Nitride und Carbide zeichnen sich vor allem durch ihre hohe Härte und ihren hohen Schmelzpunkt aus. Durch die Bildung dieser Diffusionszone, deren Dicke durch die Pyrolysetemperatur und -dauer und vor allem die Ofenatmosphäre eingestellt werden kann, ergibt sich eine sehr gute chemische Anbindung der keramischen Schicht auf dem Metall. Somit konnten bereits bei Temperaturen von 800 °C mit Hilfe von einfachen Herstellungsmethoden gut haftende keramische Schichten auf den drei verwendeten Refraktärmetallen synthetisiert werden.

Die Charakterisierung der Schichten erfolgte mit Röntgendiffraktometrie, Glimmentladungsspektroskopie sowie Elektronenmikroskopie. Es wurde der Einfluss der Herstellungsparameter (Ofenatmosphäre, Pyrolysetemperatur und -dauer) auf die Zusammensetzung und den Verlauf der resultierenden Gradientenschichten untersucht und mit theoretischen Berechnungen verglichen, wobei sich eine sehr gute Übereinstimmung von Theorie und Experiment herausstellte. Auf den Substratmaterialien Hafnium und Niob wurden sowohl Gradientenschichten aus Carbiden als auch aus Nitriden gebildet. Die Ofenatmosphäre ist dabei entscheidend, welche Phasen gebildet werden. Während sich unter inerter Atmosphäre Carbide bilden, entstehen unter Stickstoff Nitride. Die Dicke der Gradientenschicht kann dabei nur unter reaktiver Atmosphäre beeinflusst werden, unter Inertbedingungen ist die Diffusionszone auf etwa 500 nm beschränkt. Die keramischen Schichten sind auf Niob etwa 400 nm und auf Hafnium 700 nm dick, stabil und rissfrei. Die Molybdänsubstrate zeigen keinen Einfluss der Ofenatmosphäre und bilden ausschließlich Carbide. Die keramische Schicht wird etwa 800 nm dick, die Gradientenschicht etwa 500 nm. Neben der Charakterisierung der Diffusionszonen wurden auch die Eigenschaften der keramischen Schichten untersucht. Die Haftung der Precursorschichten auf den Metallen stellte sich bei der Untersuchung mit dem Gitterschnittverfahren als hervorragend heraus. Mit Hilfe von Mikrohärtemessungen wurde die Oberflächenhärte der beschichteten Proben gemessen und es konnte eine deutliche Erhöhung der Härte festgestellt werden. Die Oxidationsbeständigkeit konnte für den Bereich, in dem eine parabolische Oxidationskinetik besteht, merklich verbessert werden. Beschichtete Hafniumproben wiesen bis 700 °C eine erhöhte Resistenz gegenüber Oxidation auf, während Niob durch die Beschichtung eine verbesserte Oxidationsbeständigkeit bei 400 °C zeigt.

Ausblick

Die erhaltenen Ergebnisse können die Grundlagen für die Herstellung von Keramik-Metall Verbundwerkstoffen mit Hilfe der reaktiven Precursorbeschichtung bilden. Eine Möglichkeit ist die Herstellung von Bulkmaterialien auf Basis dieser Synthesemethode. Die gute Verbindung von Metall und Keramik durch die Gradientenschichten, welche mit dieser Methode erzielt wurden, kann dazu genutzt werden, Bulkmaterialien herzustellen, welche die positiven Eigenschaften beider Materialklassen vereinen. Durch die vielseitige Verarbeitbarkeit der Polymerkeramik lassen sich verschiedene Ansätze zur Herstellung komplexer Bauteile verfolgen. Zum einen kann der, in Lösungsmitteln in flüssigem Zustand vorliegende, Precursor durch Infiltration in einen porösen Metallvorkörper beliebiger Struktur eingebracht werden, aus welchem durch einen Pyrolyseschritt bei 800 °C ein Metall-Keramik Komposit resultiert. Zum anderen kann durch Reaktion eines metallischen Pulvers, welches mit dem Precursor beschichtet wurde, ein Metall-Keramik Verbundwerkstoff mittels Pulververarbeitungsmethoden, wie isostatisches Pressen, mit einem anschließenden Pyrolyseschritt erzeugt werden. Zur Verbesserung von Oxidations- und Korrosionsbeständigkeit kann entweder die Dicke der Precursorschicht variiert werden oder es können geeignete Legierungen aus Refraktärmetallen mit besserer Oxidationsbeständigkeit zum Einsatz kommen. Die hier präsentierten Ergebnisse und theoretischen Grundlagen lassen sich grundsätzlich auch auf andere Übergangsmetalle oder Legierungen aus Übergangsmetallen übertragen, wenn diese ähnliche physikalische Eigenschaften wie die verwendeten Metalle haben. Dadurch kann die Bildung und Zusammensetzung der Gradientenschichten auch für andere Materialsysteme ohne großen experimentellen Aufwand vorhergesagt werden.

6 Summary and Outlook

Gradient layers have been synthesized via reactive precursor coating with the polymer ABSE on the transition metals hafnium, niobium and molybdenum at temperatures of 800, 1000 and 1300 °C. The SiCN layer which develops from the precursor during pyrolysis reacts at the investigated temperatures of 800 °C and up with the metal substrate to form layers of carbides and nitrides with varying composition in the transition area by interstitial diffusion. The formed nitrides and carbides all feature high hardness and melting points. Because of the formation of this gradient layer, whose thickness can be manipulated through the pyrolysis temperature, duration and especially atmosphere, a good adhesion of the ceramic layer on the metal can be obtained. This way, well adherent ceramic layers could be realised by simple means on all three transition metals at temperatures as low as 800 °C.

Samples have been characterised by x-ray diffraction, glow discharge optical emission spectroscopy and electron microscopy. The influence of synthesis parameters (pyrolysis atmosphere, temperature and duration) on the development and composition of the gradient layer has been examined and compared to theoretical computations. Through these comparisons a good agreement between theory and experiment could be found. On hafnium and niobium substrates gradient layers of both nitrides and carbides have been produced. The furnace atmosphere proved to be the deciding factor. While an inert atmosphere yielded carbide phases, nitride phases were found after pyrolysis in nitrogen. The thickness of the gradient layer could only be controlled in reactive atmosphere, at inert reaction conditions the gradient layers thickness is limited to about 500 nm. The thickness of the ceramic layers on niobium was 400 nm on average and about 700 nm on hafnium. In all cases they were stable and free of cracks. The molybdenum substrates were unaffected by the pyrolysis atmosphere and only formed carbide phases. The ceramic layer is about 800 nm, while the gradient layer is only about 500 nm thick. In addition to the characterisation of the diffusion zone, the properties of the ceramic layers were examined. The adhesion of the ceramic layers on the metals proved to be excellent in cross-cut adhesion tests. Hardness of the samples was tested with micro-hardness measurement and showed a significant increase in the surface hardness of the coated samples compared to the uncoated samples. Oxidation resistance could be improved in the temperature range were the metals show parabolic oxidation behaviour. Coated hafnium samples showed increased resistance against oxidation up to 700 °C, niobium samples up to 400 °C.

Outlook

The obtained results can provide the foundation for the synthesis of metal-ceramic composites by reactive precursor coating. One possibility would be the manufacturing of bulk materials with this synthesis method. The good adhesion of metal and ceramic due to the gradient layers, which were produced with this method, can be used to produce bulk materials which combine the advantages of both material classes. Because of the versatile processability or precursor ceramics different possible approaches for the synthesis of complex elements could be used. For one the liquid or solved precursor can be used to infiltrate a porous metal body of any shape, which can be transformed into a metal-ceramic composite by a pyrolysis step at 800 °C. Another approach is the coating of a metal powder with a precursor which can be shaped by hydrostatic pressing and subsequent annealing to produce a metal-ceramic composite. To improve the oxidation resistance the thickness of the layers could be increased or adequate alloys of refractory metals with heightened oxidation resistance could be applied. The results presented in this work can generally be copied for other transition metal and precursor combinations, if these feature similar physical properties as the examined materials. That way the formation and composition of the gradient layers could be predicted for other material systems without major experimental effort.

Abbildungsverzeichnis

Literaturverzeichnis

[ACC05] W. Acchar, D. M. B. Wolff, „Ceramic composites derived from poly(phenylsilsesquioxane)/Al_2O_3/Nb“, Mater. Sci. Eng. A **396** [1-2] (2005), 251-254

[AGR91] C. C. Agrafiotis, J. A. Puszynski, V. Hlavacek, „Effect of Metal Particle Morphology on the Combustion of Refractory Metals in Nitrogen“, J. Am. Chem. Soc. **74** (1991), 2912-2917

[AIG60] F. W. Aigner, J. M. Herbert, „The Preparation of Phosphorous-Nitrogen Compounds as Non-Porous Solids“, in *Special Ceramics*, P. Popper (Hrsg.), Academic, New York (1960)

[ANG03] J. Angeli, A. Bengtson, A. Bogaerts, V. Hoffmann, V.-D. Hodoroabae, Edward Steers, „Glow discharge optical emission spectrometry: moving towards reliable thin film analysis-a short review“, J. Anal. At. Spectrom. **18** (2003), 670–679

[ARK00] B. Arkles, B. Janeiro, D. H. Berry, K. A. Ezbiansky, R. Composto, „High density silicon dioxide coatings by UV and thermal processing“, Proceedings of Silicones in Coatings III (2000)

[BAH93] D. Bahloul, M. Pereira, P. Goursat, „Preparation of silicon carbonitrides from an organosilicon polymer: I, Thermal decomposition of the cross-linked polysilazane“, J. Am. Ceram. Soc. **76** (1993), 1156-1162

[BAL75] R. W. Balluffi, J. M. Bkakely, „Special aspects of diffusion in thin films“, Thin Solid Films **25** [2] (1975), 363-392

[BAL99] P. Baldus, M. Jansen, D. Sporn, „Ceramic fibers for matrix composites in high-temperature engine applications“, Science **285** (1999), 699-703

[BAT76] Battelle Columbus Labs Ohio Metals and Ceramics Information Center, „Engineering Property Data on Selected Ceramics, Vol. I, Nitrides“, Battelle Columbus Labs, Columbus (1976)

[BEN60] F. Benesovsky, E. Rudy, „Contribution to the Systems Zirconium-Carbon and Hafnium-Carbon“, Planseeber. Pulvermetall. **8** [2] (1960) 66-71

[BEN85] B. A. Bender, R. W. Rice, J. R. Spann, „Evaluation of Potential BN Polymer Precursors“, Ceram. Eng. Sci. Proc. **6** [7-8] (1985), 1171-1183

[BEN94] A. Bengtson, „Quantitative depth profile analysis by glow discharge“, Spectrochim. Acta, Part B **49** [4] (1994), 411-429

[BEN06] A. Bengtson, „Glow Discharge Optical Emission Spectroscopy“, in *Analytical methods in corrosion science and engineering*, P. Marcus, F. Mansfeld (Hrsg.), Tailor and Francis Group, Boca Raton (2006)

[BER06] E. Bernardo, P. Colombo, S. Hampshire, „SiAlON-Based Ceramics from Filled Preceramic Polymers“, J. Am. Ceram. Soc. **89** [12] (2006), 3839-3842

[BER91] W. Bergmann, „Werkstofftechnik Teil 2: Anwendungen“, 2. Auflage, Carl Hanser Verlag, München (1991)

[BER97] R. Berger, W. Lengauer, P. Ettmayer, „The γ-$Nb_4N_{3\pm x}$$\rightarrow$$\delta$-$NbN_{1-x}$ phase transition“, J. Alloy Compds. **259** [1-2] (1997), L9-L13

[BLU01] Y. D. Blum, B. Macqueen, „Modifications of hydrosiloxane polymers for coatings applications“, Surf. Coat. Int. Part B: Coat. Trans. **84** [B1] (2001), 27-33

[BOR95] W. Borchardt-Ott, „Kristallographie“, Springer, Berlin (2009)

[BRA52] G. Brauer, J. Jander, „Die Nitride des Niobs“, Z. Anorg. Allg. Chem. **270** (1952), 160-178

[BRA61] G. Brauer, R. Esselborn, „Nitridphasen des Niobs“, Z. Anorg. Allg. Chem. **309** (1961), 151-170

[BRA64] G. Brauer, H. Kirner, „Drucksynthese von Niobnitriden und Konstitution von δ-NbN“, Z. Anorg. Allg. Chem. **328** [1-2], 34-43

[BRE09] F. L. Bregolin, M. Behar, F. Dyment, „Diffusion study of nitrogen implanted into α-Hf using the nuclear resonance technique“, Appl. Phys. A **95** (2009), 501-505

[BRI56] D. W. Bridges, W. M. Fassell, „High Pressure Oxidation of Niobium“, J. Electrochem. Soc. **103** [6] (1956), 326-330 (1956)

[BUR87] G. T. Burns, T. P. Angelotti, L. F. Hanneman, G. Chandra, J. A. Moore, „Alkyl- and arylsilsesquiazanes: effect of the R group on polymer degradation and ceramic char composition“, J. Mater. Sci **22** [7] (1987), 2609-2614

[CHO01] K. L. Choy, „Chemical vapour deposition of coatings“, Prog. Mater. Sci. **48** (2003), 57-170

[CHR78] A. N. Christensen, C. Rusche, „Crystal growth of niobium nitride and niobium carbide nitride“, J. Cryst Growth **44** [4] (1978), 383-386

[CLA57] W. C. Clark, „Wrought Stainless Steel“, US Patent 2784125

[COL99] P. Colombo, M. Modesti, „Silicon oxycarbide ceramic foams from a preceramic polymer“, J. Amer. Ceram. Soc. **82** [3] (1999), 573-578

[COL03] P. Colombo, E. Bernardo, „Macro- and micro-cellular porous ceramics from preceramic polymers“, Compos. Sci. Tech. **63** (2003), 2353-2359

[CON75] K. Constant, R. Kieffer, P. Ettmayer, „Über das pseudoternäre System „HfO“-HfN-HfC“, Monatsh. Chem. **106** (1975), 973-981

[COR00] R. J. P. Corriu, „Ceramics and nanostructures from molecular precursors“, Angewandte Chemie **39** [8] (2000), 1376-1398

[CRA95] B. D. Craig, D. S. Anderson, „Handbook of Corrosion Data 2nd ed.“, ASM International, Ohio (1995)

[CRA05] J. Crank, „The Mathematics of Diffusion“, 2. Auflage, Oxford Univ. Press, New York (2005)

[DEG10a] U. Degenhardt, G. Motz, W. Krenkel, F. Stegner, K. Berroth, W. Harrer, R. Danzer, „Si_3N_4/SiC Materials Based on Preceramic Polymers and Ceramic Powder“, Advances in Sintering Science and Technology, R. K. Bordia, E. A. Olevsky (Hrsg.) (2010), 379-388

[DEG10b] U. Degenhardt, „Neuartige Siliziumnitrid/Siliziumcarbid-Werkstoffe auf Basis präkeramischer Polymere und keramischer Pulver“, Dissertation, Universität Bayreuth (2010)

[DER67] N. E. Walsoe De Reca, C. M. Libanati, „Autodifusion de titanio beta y hafnio beta“, Acta Metallurgica **16** [10] (1968), 1297-1305

[DYC59] R. Dyck, T. J. Veleker, „Spectrographic Analysis of Molybdenum Metal Powder“, Anal. Chem. **31** [10] (1959), 1640-1643

[DYM68] F. Dyment, C. M. Libanati, „Self-Diffusion of Ti, Zr, and Hf in their HCP Phases, and Diffusion of Nb^{95} in HCP Zr“, J. Mater Science **3** (1968) 349-359

[ERN05] T. Erny, M. Seibold, O. Jarchow, P. Greil, „Microstructure Development of Oxycarbide Composites during Active-Filler-Controlled Polymer Pyrolysis“, J. Am. Ceram. Soc. **76** [1] (2005), 207-213

[EVA79] R. C. Evans, „An Introduction to Crystal Chemistry“, Cambridge University Press, Cambridge (1979)

[FEN03] M. Fenker, M. Balzer, R. V. Büchi, H. A. Jehn, H. Kappl, J.-J. Lee, „Deposition of NbN thin films onto high-speed steel using reactive magnetron sputtering for corrosion protective applications“, Surf. Coat. Tech. **163-164** (2003), 169-175

[FER92] A. Fernandez Guillermet, G. Grimvall, „Cohesive Properties and Vibrational Entropy of 3d-Transition Metal Carbides“, J. Phys. Chem. Solids **53** (1992), 105-125

[FIC55] A. Fick, „Über Diffusion“, Ann. Phys. **94** (1855), 59-86

[FLE95] S. L. Flegler, J. W. Heckman, K. L. Klomparens, „Scanning and transmission electron microscopy: an introduction“, Oxford University Press, New York (1995)

[FLO08] O. J. U. Flores, M. Günthner, W. Krenkel, G. Motz, „BN-filled preceramic polymers as barrier coatings on steel“, International Symposium for Research Scholars on Metallurgy, Materials Science & Engineering (ISRS-2008), 10.-12. December, IIT Madras, Chennai, India (2008)

[FRE59] G. French, B. H. C. Waters, „Molybdenum in Alloy Steel Castings“, Alloy Metals Rev. **9** [91] (1959), 2-11

[FRI60] R. J. Fries, C. P. Kempter, „Dimolybdenum Carbide“, Anal. Chem. **32** (1960), 1898

[GAO06] Y.-L. Gao, C.-S. Wang, M. Yao, H.-B. Liu, „The resistance to wear and corrosion of laser-cladding Al_2O_3 ceramic coating on Mg alloy“, Appl. Surf. Sci. **253** [12] (2006), 5306-5311

[GLI00] M. E. Glicksmann, „Diffusion in solids: field theory, solid state principles, and applications“, 1. Auflage, Wiley, New York (2000)

[GRE00] P. Greil, „Polymer Derived Engineering Ceramics“, Adv. Eng. Mater. **2** [6] (2000), 339-348

[GRE90] P. Greil, M. Seibold, „Active filler controlled pyrolysis (AFCOP) - A novel fabrication route to ceramic composite materials“, Ceram. Trans. **19** (1990), 43-49

[GRE90b] N. N. Greenwood, A. Earnshaw, „Chemie der Elemente“, Wiley-VHC, Weinheim (1990)

[GRE92] P. Greil, M. Seibold „Modelling of dimensional changes during polymer-ceramic conversion for bulk component fabrication“, J. Mater. Sci. **27** (1992), 1053-1060

[GRE95] P. Greil, „Active-filler-controlled pyrolysis of preceramic polymers“, J. Amer. Ceram. Soc. **78** [4] (1995), 835-848

[GRE98] P. Greil, „Near Net Shape Manufacturing of Polymer Derived Ceramics“, J. Eur. Ceram. Soc. **18** (1998), 1905-1914

[GRE99a] P. Greil, „Near net shape manufacturing of ceramics", Mater. Chem. Phys. **61** (1999) 64-68

[GRE99b] P. Greil, „Polymer-Filler Derived Ceramics with Hierarchical Microstructures", Key Eng. Mater. **159-160** (1999), 339-346

[GRI68] W. Grimm, „Eine neue Glimmentladungslampe für die optische Emissionsspektralanalyse", Spectrochim. Acta, Part B **23** [7] (1968), 443-454

[GUE07] M. Günthner, Y. Albrecht, G. Motz „Polymeric and ceramic-like coatings on the basis of SiN(C) precursors for protection of metals against corrosion and oxidation", Cer. Eng. Sci. Proc., A. Wereszczak, E. Lara-Curzio (Hrsg.), 22.-27. January 2006, Cocoa Beach, Florida, USA **27** [3] (2007), 277-284

[GUE09a] M. Günthner, T. Kraus, A. Dierdorf, D. Decker, W. Krenkel, G. Motz, „Particle-filled PHPS silazane-based coatings on steel", Int. J. Appl. Ceram. Technol. **6** [3] (2009), 373-380

[GUE09b] M. Günthner, T. Kraus, A. Dierdorf, D. Decker, W. Krenkel, G. Motz, „Advanced coatings on the basis of Si(C)N precursors for protection of steel against oxidation", J. Europ. Ceram. Soc. **29** (2009), 2061-2068

[GUE10] M. Günthner, „Herstellung, Umwandlungsverhalten und Eigenschaften keramischer Polysilazanschichten auf Stahlsubstraten", Dissertation, Universität Bayreuth (2010)

[GUG92] M. Guglielmi, P. Colombo, F. Peron, L. Mancinelli Degli Esposti, „Dependence of thickness on the withdrawal speed for SiO2 and TiO2 coatings obtained by the dipping method", J. Mater. Sci. **27** (1992), 5052-5056

[GUS91] A. I. Gusev, „Disorder and Long-Range Order in Non-Stoichiometric Interstitial Compounds", Phys. Stat. Sol. B **163** [1] (1991), 17-54

[GUS94] A. I. Gusev, A. A. Rempel, „Calculation of phase diagrams of interstitial compounds", J. Phys. Chem. Solids **55** [3] (1994), 299-304

[HAH96] B. Hahn, S. Walter, R. Weissmann, P. Greil, „ESR investigation of $MoSi_2$ powders used as reactive fillers in polymer-derived ceramics. Colloids and Surfaces A: Physicochemical and Engineering Aspects", **115** (1996), 291-295

[HAI01] J. Haines, J. M. Léger, C. Chateau, J. E. Lowther, „Experimental and theoretical investigation of Mo_2C at high pressure", J. Phys.: Condens. Matter **13** (2001) 2447-2454

[HEB01] J. Hebda, W. Chang, „Niobium alloys and high Temperature Applications", Niobium Science and Technology; Proc. Int. Symp. Niobium, TMS, Orlando (2001)

[HEI01] F. Heisterkamp, T. Carneiro, „Niobium: Future Possibilities - Technology and the Market Place", Niobium Science and Technology; Proc. Int. Symp. Niobium, TMS, Orlando (2001)

[HEN92] C. H. Henager, J. L. Brimhall, J. P. Hirth, „Synthesis of a $MoSi_2$-SiC composite *in situ* using a solid state displacement reaction", Mater. Sci. Eng A. - Struct. **155** [1-2] (1992), 109-114

[HOL84] H. Hollek, „Binäre und Ternäre Carbid-und Nitridsisteme der Übergangsmetalle", Gebrüder Bornträger, Berlin, Stuttgart (1984)

[HOL05] D. R. Holmes, „Corrosion of Hafnium and Hafnium Alloys", in *ASM Handbook, Volume 13B, Corrosion: Materials*, S. D. Cramer (Hrsg.), ASM International, Ohio (2005)

[HOL06] A. F. Holleman, N. Wiberg, „Lehrbuch der Anorganischen Chemie", de Gruyter, Berlin (2007)

[HUG99] H. W. Hugosson, O. Eriksson, L. Nordström, U. Jansson, L. Fast, A. Delin, J. M. Wills, B. Johansson, „Theory of phase stabilities and bonding mechanisms in stoichiometric and substoichiometric molybdenum carbide", J. Appl. Phys. **86** [7] (1999), 3758-3767

[HUR61] T. Hurlen, „Oxidation of Niobium", J. Inst. Metals **89** (1961), 273-280

[INT86] L. V. Interrante, L. E. Carpenter, C. Whitmarsh, W. Lee, M. Garbauskas, G. A. Slack, „Studies of organometallic precursors to aluminum nitride", Mater. Res. Soc. Symp. Proc. **73** (1986) 359-366

[JAK01] H.-D. Jakubke, R. Karcher, „Lexikon der Chemie", Spektrum Akademischer Verlag, Heidelberg (2001)

[JOG98] M. Joguet, W. Lengauer, M. Bohn, J. Bauer, „High-temperature reactive phase formation in the Nb-N system", J. Alloy Compd. **269** (1998), 233-237

[JOS50] W. Jost, „Bemerkung zur mathematischen Behandlung komplizierter Diffusionsprobleme", Z. Phys. **127** (1950), 163-167

[KAI99] A. Kaindl, W. Lehner, P. Greil, D. J. Kim, „Polymer-filler derived Mo_2C ceramics", Mater. Sci. Eng., A **260** (1999), 101-107

[KEL99] J. G. Keller, D. L. Douglas, „Transition from Parabolic to Linear Kinetics in the High-Temperature Nitridation of Niobium“, Oxid. Met. **52** [112] (1999), 155-176

[KID61] G. V. Kidson, „Some Aspects of the Growth of Diffusion Layers in Binary Systems“, J. Nucl. Mater. **3** [1] (1961), 21-29

[KIM03] Y.-W. Kim, S.-H. Kim, C. Wang, C. B. Park, „Fabrication of microcellular ceramics using gaseous carbon dioxide“, J. Amer. Ceram. Soc. **86** [12] (2003), 2231-2233

[KIM10] Y.-W. Kim, Y.-J. Jin, J.-H. Eom, I.-H. Song, H.-D. Kim, „Engineering porosity in silicon carbide ceramics“, J. Mater. Sci. **45** (2010), 2808-2815

[KIR59] J. S. Kirkaldy, „Diffusion in Multicomponent Metallic Systems: IV. A General Theorem for construction of Multicomponent Solutions from Solutions of the Binary Diffusion Equation, Can. J. Phys. **37** [1] (1959), 30-34

[KIS84] P. S. Kisley, „The Chemical Bond Strength and the Hardness of High Melting Point Compounds“, in *Science of Hard Materials*, E. A. Almond (Hrsg.), Institute of Physics Conference Series **75**, Adam Hilger, Ltd., Bristol (1984)

[KOK07] S. Kokott, L. Heymann, G. Motz, „Rheology and processability of multi-walled carbon nanotubes-ABSE polycarbosilazane composites“, J. Eur. Ceram. Soc. **28** [5] (2007), 1015-1021

[KOK09] S. Kokott-Wenderoth, „Herstellung und Charakterisierung Multiwall-Carbon-Nanotube-verstärkter keramischer SiCN-Fasern“, Dissertation, Universität Bayreuth (2009)

[KRA09] T. Kraus, M. Günthner, W. Krenkel, G. Motz, „cBN-particle-filled SiCN-precursor coatings“, Adv. Appl. Ceram.: Struct. Funct. Bioceram. **108** [8] (2009), 476-482(7)

[KRO00] E. Kroke, Y.-L. Li, C. Konetschny, E. Lecomte, C. Fasel, R. Riedel, „Silazane derived ceramics and related materials“, Mater. Sci. Eng. R **26** (2000), 97-199

[KRO02] P. Kroll, „Hafnium Nitride with Thorium Phosphide Structure: Physical Properties and an Assessment of the Hf-N, Zr-N, and Ti-N Phase Diagrams at High Pressures and Temperatures“, Phys. Rev. Lett. **90**, 125501 (2003), 1-4

[LAB93] M. Labrousse, M. Nanot, P. Boch, E. Chassagneux, „Ex-polymer SiC coatings with Al_2O_3 particulates as filler materials“, Ceram. Int. **19** [4] (1993), 259-267

[LAN42] L. Landau, B. Levich, „Dragging of a liquid by a moving plate“, Acta Physicochim. URSS **17** (1942), 42-54

[LEN93] W. Lengauer, D. Rafaja, R. Täubler, C. Kral, P. Ettmayer, „Preparation of binary single-phase line compounds via diffusion couples: The subnitride phases η-$Hf3N_{2-x}$ and ζ-$Hf4N_{3-x}$“, Acta Metall. Mater. **41** (12) (1993), 3505-3514

[LEN96] W. Lengauer, D. Rafaja, G. Zehetner, P. Ettmayer, „The Hafnium-Nitrogen System: Phase Equilibria and Nitrogen Diffusivities Obtained from Diffusion Couples“, Acta. Mater. **44** [8] (1996), 3331-3338

[LEN97] W. Lengauer, J. Bauer, M. Bohn, H. Wiesenberger, P. Ettmayer, „Electron-Probe Microanalysis of Light Elements in Multiphase Diffusion Couples“, Microchim. Acta **126** (1997), 279-288

[LEN00] W. Lengauer, M. Bohn, B. Wollein, K. Lisak, „Phase Reactions in the Nb-N System below 1400°C“, Acta Mater. **48** (2000), 2633-2638

[LEV74] Y. V. Levinsky, Russ. Metall. (Metally) **1** (1974), 34-37, zitiert nach *Binary Alloys Phase Diagram*, Vol. 3, 2nd edition, T. B. Massalski (Hrsg.), ASM International, Ohio (1990)

[LID99] Z. Lidong, „Herstellung von Beschichtungen mit in-situ synthetisierten Titan-Hartphasen durch Reaktives Plasmaspritzen“, Dissertation, Universität Mainz (1999)

[LID04] D. E. Lide, „CRC Handbook of Chemistry and Physics“ 5th ed., CRC Press, Boca Raton (2004)

[LIE02] L.-A. Liew, Y. Liu, R. Luo, T. Cross, L. An, V. M. Bright, M. L. Dunn, J. W. Daily, R. Raj, „Fabrication of SiCN MEMS by photopolymerization of pre-ceramic polymer“, Sensors Actuat. A **95** (2002), 120-134

[LOH00] P. P. Loh, X. Bao, M. R. Nangrejo, M. J. Edirisinghe, „Coating with amorphous silicon carbide using polymeric precursors”, J. Mater. Sci. Lett. **19** (2000), 587-589

[LUE97] J. Lücke, J. Hacker, D. Suttor, G. Ziegler, „Synthesis and Characterization of Silazane-Based Polymers as Precursors for Ceramic Matrix Composites”, Appl. Organomet. Chem. **11** (1997), 181-194

[MAR99] H.-P. Martin, E. Müller, U. Dachselt, „Formation process of mixed silicon and tungsten carbide from copyrolysis of polysilane and metallic tungsten: Part I“, J. Mater. Sci. **34** [11] (1999), 2665-2670

[MAR00] E. J. Markel, M. E. Leaphart, „Nitrides“, in *Kirk-Othmer Encyclopedia of Chemical Technology*, Wiley, New York (2000)

[MAS95] W. Massa, „Crystal structure determination“, Springer, Berlin, 2. Auflage (1995)

[MAY95] J. Mayer, D. V. Szabo, M. Ruhle, M. Seher, R. Riedel, „Polymer-derived Si-based bulk ceramics II: microstructural characterisation by electron spectroscopic imaging“, J. Eur. Ceram. Soc. **15** [8] (1995), 717-727

[MCN97] A. D. McNaught, A. Wilkinson, „IUPAC Compendium of Chemical Terminology” 2nd ed., Blackwell Scientific Publications, Oxford (1997)

[MEH07] H. Mehrer, „Diffusion in Solids: Fundamentals, Methods, Materials, Diffusion-Controlled Processes“, Springer Series in Solid State Science **155**, Springer, Berlin (2007)

[MET05] E. Metin, O.T. Inal, A.D. Romig, „Solutions to Multiphase Diffusion in Binary Metal Interstitial Systems“, Metall. Mater. Trans A 36 (2005), 1407-1415

[MIK08] S. Miki, M. Fujiwara, M. Sasaki, B. Baek, A. J. Miller, R. H. Hadfield, S. W. Nam, Z. Wang, „Large sensitive-area NbN nanowire superconducting single-photon detectors fabricated on single-crystal MgO substrates“, Appl. Phys. Lett. **92**, 061116 (2008), 1-3

[MIL97] D. V. Miller, D. L. Pommell, G. H. Schiroky, „Fabrication and properties of SiC/SiC composites derived from ceraset^{TM} SN preceramic polymer“, Ceram. Eng. Sci. Proc. **18** (1997)

[MIY99] Y. Miyamoto, W. A. Kaysser, B. H. Rabin, A. Kawasaki, R. G. Ford, „Functionally Graded Materials: Design, Processing and Applications“, Materials Technology series **5**, Kluwer Academic Publishers, Dordrecht, Boston, London (1999)

[MOT00] G. Motz, J. Hacker, G. Ziegler, „Special modified silazanes for coatings, fibers and CMC’s“, 24th Annual Conference on Composites, Advanced Ceramics, Materials, and Structures: B **21** (2000), 307-314

[MOT02] G. Motz, J. Hacker, G. Ziegler, „Design of SICN - Precursors for Various Applications“, in *Ceramic Materials and Components for Engines*, J. G. Heinrich, F. Aldinger (Hrsg.), Wiley-VCH, Weinheim (2002)

[MOT02b] G. Motz, J. Hacker, G. Ziegler, „New SiCN-fibers from the ABSE polycarbosilazane“, Ceram. Eng. Sci. Proc. **23** [3] (2002), 255-260

[MOT02c] G. Motz, G. Ziegler, „Simple processability of precursor-derived SiCN coatings by optimised precursors“, Proc. 7th conference of the Europ. Ceram. Soc., Key Engineering Materials **206-213** (2002), 475-478

[MOT03] G. Motz, T. Kabelitz, G. Ziegler, „Polymeric and ceramic-like coatings for protection of (light) metals against oxidation and corrosion“, Proc. 8th Conf. & Exhibition of the Europ. Ceram. Soc., Istanbul (2003)

[MOT04] G. Motz, Y. Albrecht, M. Günthner, G. Ziegler, „Direct and hard gradient coatings on the basis of SiCN precursors for protection of (light) metals“, Proc. 4th Int. Conf. The Coatings in Manuf. Engineering, Erlangen/Germany, 5.-7. April 2004, K.-D. Bouzakis, B. Denkena, M. Geiger, H.-K. Tönshoff, Fr.-W. Bach, U. Popp (Hrsg.) (2004), 149-156

[MOT08] G. Motz, S. Schmidt, S. Beyer, „The PIP-process: Precursor Properties and Applications“, in *Ceramic Matrix Composites*, W. Krenkel (Hrsg.), Wiley-VCH, Weinheim (2008)

[MOU03] A. J. Moulson, J. M. Herbert, „Electroceramics: materials, properties, applications“, Wiley-VCH, Weinheim (2003)

[MUC94] M. R. Mucalo, N. B. Milestone, „Preparation of ceramic coatings from pre-ceramic precursors, Part II SiC on metal substrates“, J. Mater. Sci. **29** (1994), 5934-5946

[MUS94] R. Musenich, P. Fabbricatore, G. Gemme, R. Parodi, M. Viviani, B. Zhang, V. Buscaglia, C. Bottino, „Growth of niobium nitrides by nitrogen-niobium reaction at high temperature“, J. Alloy Compds. **209** [1-2] (1994), 319-328

[NAG88] V. Nagarajan, I. G. Wright, „Refractory metal alloys having inherent high temperature oxidation protection“, US Patent 4762557

[NAG98] M. Nagai, Y. Goto, O. Uchino, S. Omi, „TPD and XRD studies of molybdenum nitride and its activity for hydrodenitrogenation of carbazole“, Catal. Today **43** [3-4] (1998), 249-259

[NEI03] T. Neilis, R. Payling (Hrsg.), „Glow Discharge Optical Emission Spectroscopy: A practical guide“, Royal Society of Chemistry, Cambridge, 1. Auflage (2003)

[OKA90] H. Okamoto, „The Hf-N (hafnium-nitrogen) system“, J. Phase Equil. **11** [2] (1990), 146-149

[OKA90b] H. Okamoto, „The C-Hf (carbon-hafnium) system“, J. Phase Equil. **11** [4] (1990), 396-403

[OKA90c] H. Okamoto, „C-Mo (Carbon-Molybdenum)“, in *Binary Alloy Phase Diagrams*, Vol. 3, 2nd ed., T. B. Massalski (Hrsg.), ASM International, Ohio (1990)

[OKA90d] H. Okamoto, „N-Nb (Nitrogen-Niobium)“, in *Binary Alloy Phase Diagrams*, Vol. 3, 2nd ed., T. B. Massalski (Hrsg.), ASM International, Ohio (1990)

[OLI06] C. K. N. Oliveira, R. M. Muñoz Riofanoc, L. C. Castelletti, „Micro-abrasive wear test of niobium carbide layers produced on AISI H13 and M2 steels“, Surf. Coat. Tech. **200** [16-17] (2006), 5140-5144

[OPR93] D. M. Opresko, „Toxicity Summary for Molybdenum“, Oak Ridge Reservation Environmental Restoration Program (1993)

[PAK56] M. H. Pakkala, „Hardenable Stainless Steel“, US Patent 2738267

[PAR63] E. Parthé, V. Sadagopan, „The structure of dimolybdenum carbide by neutron diffraction technique“, Acta Crystallogr. **16** (1963), 202-205

[PIE93] H. O. Pierson, „Handbook of Carbon, Graphite, Diamond and Fullerenes“, Noyes Publications, Park Ridge (1993)

[PIE96] H. O. Pierson, „Handbook of Refractory Carbides and Nitrides: Properties, Characteristics, Processing and Applications“, Noyes Publications, Westwood, New Jersey (1996)

[RAD99] E. Radovanovic, M. F. Gozzi, M. C. Goncalves, I. V. P. Yoshida, „Silicon oxycarbide glasses from silicone networks“, J. Non-Cryst. Solids **248** (1999), 37-48

[RAF96] D. Rafaja, W. Lengauer, P. Ettmayer, „Multiphase Layer Growth Kinetics in Finite Gas/Solid Diffusion Couples“, Acta Mater. **44** [12] (1996), 4835-4844

[RAF98] D. Rafaja, W. Lengauer, H. Wiesenberger, M. Joguet, „Combined Refinement of Diffusion Coefficients Applied on the Nb-C and Nb-N Systems“, Metall. Mater. Trans. A **29** (1998), 439-446

[RAY07] R. Ray, „Mathematical modeling of interface movement during diffusional bonding of surfaces“, Def. Diff. Forum **272** (2007), 71-78

[REI98] L. Reimer, „Scanning electron microscopy: physics of image formation and microanalysis“, Springer, Berlin, 2. Auflage (1998)

[RIC82] D. J. Rich, F. C. Holtz, „High toughness ceramic cutting tool“, US Patent 4336254

[RIC83] R. W. Rice, „Ceramics from polymer pyrolysis, opportunities and needs-a materials perspective“, Am. Cer. Soc. Bull. **62** [8] (1983), 889-892

[RIE95] R. Riedel, M. Seher, J. Mayer, D. V. Szabo, „Polymer-derived Si-based bulk ceramics I: preparation, processing and properties“, J. Eur. Ceram. Soc. **15** [8] (1995), 703-715

[RIE96] R. Riedel, W. Dressler, „Chemical formation of ceramics“, Cer. Int. **22** [3] (1996), 233-239

[ROC05] R. M. da Rocha, Peter Greil, J. C. Bressiani, A. H. de Almeida Bressiani, „Complex-shaped ceramic composites obtained by machining compact polymer-filler mixtures“, Mat. Res. **8** [2] (1998), 191-196

[ROW71] D. J. Rowcliffe, G. E. Hollox, „Hardness Anisotropy, Deformation Mechanisms and Brittle-to-Ductile Transition in Carbides“, J. Mater. Sci. **6** (1971), 1270-1276

[RUD67] E. Rudy, S. Windisch, A. J. Stosick, J. R. Hoffman, „Constitution of Binary Molybdenum-Carbon Alloys“, Trans. Met. Soc. **239** (1967), 1247-1267

[SAN96] A. T. Santhanam, „Application of Transition Metal Carbides and Nitrides in Industrial Tools“, in *The chemistry of transition metal carbides and nitrides*, S. T. Oyama (Hrsg.), Chapam & Hall, London, Weinheim, New York (1996)

[SAR65] R. V. Sara, „The Hafnium-Carbon System“, Trans. Metall. Soc. AIME **233** (1965), 1683-1691

[SCH03] W. Schäfer, W. D. Vogel, „Faserverstärkte Keramiken hergestellt durch Polymerinfiltration“, in *Keramische Verbundwerkstoffe*, W. Krenkel (Hrsg.), Wiley-VCH, Weinheim (2003)

[SCH03b] M. Scheffler, O. Dernovsek, D. Schwarze, A. H. A. Bressiani, J. C. Bressiani, W. Acchar, P. Greil, „Polymer/filler derived NbC composite ceramics“, J. Mater. Sci **38** (2003), 4925-4931

[SCH05] F. Scheffler, A. Zampieri, W. Schwieger, J. Zeschky, M. Scheffler, P. Greil, „Zeolite covered polymer derived ceramic foams: Novel hierarchical pore systems for sorption and catalysis“, Adv. Appl. Ceram. **104** [1] (2005), 43-48

[SCH84] K. Schwarz, A. Neckel, „Chemical Bonding in Refractory Transition Metal Compounds“, in *Science of Hard Materials*, E. A. Almond (Hrsg.), Institute of Physics Conference Series No. 75, Adam Hilger, Ltd., Bristol (1984)

[SCH86] K. B. Schwartz, D. J. Rowcliffe, Y. D. Blum, and R. M. Laine, „Thermal conversion of Preceramic Polysilazanes to Si3N4: Characterization of Pyrolysis Products“, Mater. Res. Soc. Symp. Proc. **73** (1986), 407-412

[SCR88] L. E. Scriven, „Physics and applications of dip coating and spin coating”, Mater. Res. Soc. Symp. Proc. **121** (1988), 717-729

[SEI93] M. Seibold, P. Greil, „Thermodynamics and microstructural development of ceramic composite formation by active filler-controlled pyrolysis (AFCOP)“, J. Eur. Ceram. Soc. **11** [2] (1993), 105-113

[SEY86] D. Seyferth, G. Mignani, „Preparation of titanium nitride and titanium carbonitride by the preceramic polymer route“, J. Mater. Sci. Lett. **7** [5] (1986), 487-488

[SEY91] D. Seyferth, N. Bryson, D. P. Workman, C. A. Sobon, „Preceramic polymers as ‘reagents’ in the preparation of ceramics“, J. Amer. Ceram. Soc. **74** [10] (1991), 2687-2689

[SHA02] S. R. Shah, R. Raj, „Mechanical properties of a fully dense polymer derived ceramic made by a novel pressure casting process“, Acta Mater. **50** (2002), 4093-4103

[SHI92] S. Shimada, M. Inagaki, „Oxidation Kinetics of Hafnium Carbide in the Temperature Range of 480° to 600°C“, J. Am. Ceram. Soc. **75** [10] 2671-78 (1992)

[SHI05] M. A. Schiavon, I. V. P. Yoshida, J. C. Bressiani, W. Acchar, „Ceramic composites derived from polysiloxane/Al/Nb by AFCOP process“, „Mater. Sci. Forum“, **498-499** (2005), 375-380

[SHI05b] S. Shimada, K. Nakajima, M. Inagaki, „Oxidation of Single Crystals of Hafnium Carbide in a Temperature Range of 600" to 900°C“, J. Am. Ceram. Soc. **80** [7] 1749-1756 (2005)

[SHI09] X.-R. Shi, S.-G. Wang, H. Wang, C.-M. Deng, Z. Qin, J Wang, „Structure and stability of β-Mo_2C bulk and surfaces: A density functional theory study“, Surf. Sci. **603** (2009), 852-859

[SHO07] N. Shohojia, J.-M. Badie, B. Granier, F. A. Costa Oliveira, J. Cruz Fernandes, L. Guerra Rosa, „Formation of hexagonal η-MoC_{1-x} phase at a temperature lower than 1660 °C by solar radiation heating under presence of excess free carbon“, Int. J. Refract. Met. H. **25** [3] (2007), 220-225

[SIE00] H. Sieber, A. Kaindl, P. Greil, „Biostructure derived ceramics“, Ceram. Eng. Sci. Proc. **21** (2000), 53-60

[SME57] W. W. Smeltzer, M. T. Simnad, „Oxidation of hafnium“, Acta Metall. Mater. **5** [6] (1957), 328-334

[SMI87] J. F. Smith, O. N. Carlson, „The Niobium-Carbon System“, J. Nucl. Mater. **148** (1987), 1-16

[SMI90] J. F. Smith, R. R. De Avillez, „C-Nb (Carbon-Niobium)“, in *Binary Alloy Phase Diagrams*, Vol. 3, 2nd ed., T. B. Massalski (Hrsg.), ASM International, Ohio (1990)

[SPE09] Herstellerangaben Spectrum Analytik GmbH (2009)

[STA06] G. Stachowiak, „Heat treatable coated article with niobium nitride IR reflecting layer“, US Patent 6994910

[STO67] E. K. Storms, „The Refractory Metal Carbides“, Academic Press, New York (1967)

[STO72] E. K. Storms, „Phase Relationships and Electrical Properties of Refractory Carbides and Nitrides“, in *Solid State Chemistry* Vol. 10, L. E. Roberts (Hrsg.), University Park Press, Baltimore (1972)

[SUG77] K. Sugimoto, Y. Sawada, „The role of molybdenum additions to austenitic stainless steels in the inhibition of pitting in acid chloride solutions“, Corros. Sci. **17** [5] (1977), 425-445

[SUN86] J.-E. Sundgren, B. O. Johannson, A. Rockett, S. A. Barnett, J. E. Greene, „TiN_x ($0.6<x<1.2$): Atomic arrangements, Electronic structure and recent results on crystal growth and physical properties of epitaxial layers“, AIP Conf. Proc. **149** [1], 95-115

[SUT97a] D. Suttor, H.-J. Kleebe, G. Ziegler, „Low-shrinkage mullite derived from filled polymeric siloxanes“, Key Eng. Mater. **132-136** (1997), 448-451

[SUT97b] D. Suttor, H.-J. Kleebe, G. Ziegler, „Formation of mullite from filled siloxanes“, J. Amer. Ceram. Soc. **80** [10] (1997), 2541-2548

[SUS03] B. Sustarsic, M. Jenko, M. Godec, L. Kosec, „Microstructural investigation of NbC-doped vacuum-sintered tool-steel-based composites“, Vacuum **71** (2003), 77-82

[TER65] N. Terao, „Structure des Nitrures de Niobium“, Jpn. J. Appl. Phys. **4** (1965), 353-367

[TOM05] H. Tominaga, M. Nagai, „Density Functional Theory of Water-Gas Shift Reaction on Molybdenum Carbide“, J. Phys. Chem. B **109** [43] (2005), 20415-20423

[TOR06] J. D. Torrey, „Polymer Derived Ceramic Composites as Environmental Barrier Coatings on Steel“, Dissertation, University of Washington (2006)

[TOR06b] J. D. Torrey, R. K. Bordia, C. H. Henager Jr, Y. Blum, Y. Shin, W. D. Samuels, „Composite polymer derived ceramic system for oxidizing environments“, J. Mater. Sci. **41** (2006), 4617-4622

[TOR07] J. D. Torrey, R. K. Bordia, „Mechanical properties of polymer-derived ceramic composite coatings on steel“, J. Eur. Ceram. Soc. **28** [1] (2007), 253-257

[TOR07b] J. D. Torrey, R. K. Bordia, „Phase and microstructural evolution in polymer-derived composite systems and coatings“, J. Mater. Res. **22** [7] (2007), 1959-1966

[TRA00] S. Traßl, D. Suttor, G. Motz, E. Rössler, G. Ziegler, „Structural characterization of silicon carbonitride ceramics derived from polymeric precursors“, J. Europ. Ceram. Soc. **20** (2000), 215-225

[TRA02] S. Traßl, H.-J. Kleebe, H. Störmer, G. Motz, E. Rössler, G. Ziegler, „Characterization of the free-carbon phase in precursor-derived Si-C-N ceramics: II, Comparison of different polysilazane precursors“, J. Am. Ceram. Soc. **85** (2002), 1268-1274

[VEL88] T. Y. Velikanova, V. Z. Kublii, „Solid State Transformations and Phase Equilibria in the Molydbenum-Carbon System“, Powder Metall. Met. Ceram. **27** [11] (1988), 891-896

[VER73] W. Verbeek (Bayer AG), German Patent 2218960 (1973), US Patent 3853567

[VER74] W. Verbeek, G. Winter (Bayer AG), German Patent 2243527 (1974)

[VET06] J. Vetterlein, A. Mehner, B. Felde, „Partielles Niederdruckaufkohlen durch lokale Aufbringung von Diffusionssperrschichten im Sol-Gel-Verfahren“, Journal of Heat Treatment and Materials **4** (2006), 178-185

[VOI93] V. B. Voitovich, V. A. Lavrenko, E. I. Golovko, V. M. Adejev, „The Effect of Purity on the High-Temperature Oxidation of Hafnium“, Oxid. Met. **42** [3/4] (1993), 249-263

[WAD88] J. Wadsworth, T. G. Nieh, J. J. Stephens, „Recent advances in aerospace refractory metal alloys“, Int. Mater. Rev. 33 [3] (1988), 131-150

[WAG52] C. Wagner, „Theoretical Analysis of the Diffusion Processes Determining the Oxidation Rate of Alloys“, J. Electrochem. Soc. **99** [10] (1952), 369-380

[WAG69] C. Wagner, „The evaluation of data obtained with diffusion couples of binary single-phase and multiphase systems“, Acta Metall. Mater. **17** [2] (1969), 99-107

[WAL96] S. Walter, D. Suttor, T. Erny, B. Hahn, P. Greil, „Injection moulding of polysiloxane/filler mixtures for oxycarbide ceramic composites“, J. Eur. Oxid. Ceram. Soc. **16** (1996), 387-393

[WAN99] Y. K. Wang, L. Sheng, R. Z. Xiong, B. S. Li, „Study of ceramic coatings formed by microarc oxidation on Al matrix composite surface“, Surf. Eng. **15** [2] (1999), 112-114

[WAR85] B. M. Warnes, G. Simkovich, „Carbon diffusivity in Mo_2C from 800 to 1000 °C“, J. Less Common Met. **106** [2] (1985), 241-249

[WEB97] A. Weber, R. Poeckelmann, C.-P. Klages, „Plasma CVD of high quality titanium nitride using titanium(IV)isopropoxide as precursor“, Microelectron. Eng. **33** [1] (1997), 277-282(6)

[WEI77] P. Weimar, F. Bauer, „Corrosion-resistant turbine blades and method for producing them“, US Patent 4036601

[WEI02] W. Weibelzahl, „Herstellung und Eigenschaften von polymerabgeleiteten SiCN-Precursorkeramiken“, Dissertation, Universität Bayreuth (2002)

[WEY63] D. E. Weyer (Dow Corning Corp.), US Patent 3090691 (1963)

[WIE98] H. Wiesenberger, W. Lengauer, P. Ettmayer, „Reactive diffusion and phase equilibria in the V-C, Nb-C, Ta-C and Ta-N systems“, Acta Mater. **46** [2] (1998), 651-666

[WIL83] M. N. Wilson, „Superconducting magnets“, Oxford University Press, Oxford (1983)

[WIL86] D. S. Williams, R. A. Rapp, J. P. Hirth, „Phase Suppression in the Transient Stages of Interdiffusion in Thin Films“, Thin Solid Films **142** (1986), 47-64

[WYN84] K. J. Wynne, R. W. Rice „Ceramics via polymer pyrolysis“, Ann. Rev. Mat. Sci. **14** (1984), 297-334

[YAJ75a] S. Yajima, J. Hayashi, M. Omori, „Continuous Silicon Carbide Fiber of High Tensile Strength“, Chem. Lett. (1975), 931-934

[YAJ75b] S. Yajima, K. Okamura, J. Hayashi, „Structural Analysis in Continuous Silicon Carbide Fiber of High Tensile Strength“, Chem. Lett. (1975), 1209-1212

[YAJ76] S. Yajima, „SiC sintered bodies with three dimensional polycarbosilane as binder“, Nature **264** (1976), 238-239

[YAY78] S. Yajima, Y. Hasegawa, K. Okamura, T. Matsuzawa, „Development of high tensile strength silicon carbide fibre using an organosilicon polymer precursor“, Nature **273** (1978), 525-527

[YU95] S. H. Yu, R. E. Riman, S. C. Danforth, R. Y. Leung, „Pyrolysis of titanium-metal-filled poly(siloxane) preceramic polymer: Effect of atmosphere on pyrolysis product chemistry“, J. Amer. Ceram. Soc., **78** [7] (1995), 1818-1824

[ZES05] J. Zeschky, T. Hofner, C. Arnold, R. Weissmann, D. Bahloul-Hourlier, M. Scheffler, P. Greil, „Polysilsesquioxane derived ceramic foams with gradient porosity“, Acta Mater. **53** [4] (2005) 927-937

[ZIE99] G. Ziegler, H.-J. Kleebe, G. Motz, H. Müller, S. Traßl, W. Weibelzahl, „Sythesis, microstructure and properties of SiCN ceramics prepared from tailored polymers“, Mater. Chem. Phys. **61** (1999), 55-63

Danksagung

Mein Dank gilt meinem Doktorvater Herrn Prof. Dr.-Ing. Walter Krenkel vom Lehrstuhl Keramische Werkstoffe an der Universität Bayreuth für die fachliche Betreuung und die Möglichkeit, die Arbeit an seinem Lehrstuhl durchzuführen. Meinem Betreuer Herrn Dr. rer. nat. Günter Motz danke ich für die zahlreichen Anregungen und die Korrektur meiner Arbeit. Herrn Prof. Dr.-Ing. Uwe Glatzel danke ich für die Übernahme der Zweitkorrektur.

Der DFG danke ich für die Finanzierung meiner Arbeit im Rahmen des Graduiertenkollegs 1229 „Stabile und metastabile Mehrphasensysteme bei hohen Anwendungstemperaturen".

Für die umfangreiche Hilfestellung bei den REM Messungen und der Herstellung der TEM-Lamelle möchte ich mich bei Herrn Werner Reichstein herzlich bedanken.

Herrn Dr.-Ing. Martin Günthner danke ich vielmals für die Hilfe bei der Durchführung der GDOES Messungen und für zahlreiche wertvolle Anregungen und Gespräche.

Frau Dr. rer. nat. Adelheid Schütz danke ich für die Einweisung und die Unterstützung bei der Durchführung der GDOES Messungen.

Ebenso bedanke ich mich bei Herrn Dr.-Ing. Christian Liebscher für die TEM Untersuchungen, bei Frau Tiziana Boffa-Ballaran, Ph. D. für die Hochtemperatur-XRD Messungen sowie Herrn Detlef Krausse für die Mikrosonden Messungen.

Meiner Mutter, Frau Barbara Führer, danke ich für die Durchsicht der Arbeit und ihre Unterstützung in allen Lebenslagen.

Auch danke ich allen Mitarbeitern des Lehrstuhls Keramische Werkstoffe und den anderen Mitgliedern des DFG Graduiertenkollegs 1229 für ihre Unterstützung bei meiner Arbeit und das angenehme Arbeitsklima.

Lebenslauf

Persönliche Daten

Name:	Christian Delpero
Anschrift:	Fichtelgebirgstr. 22, 93057 Regensburg
Geburtsdatum:	24. 10. 1978
Geburtsort:	Regensburg
Familienstand:	ledig

Schulausbildung

1985 – 1989	Grundschule Königswiesen, Regensburg
1989 – 1998	Von-Müller-Gymnasium, Regensburg

Zivildienst

09/1998 – 10/1999	Universitätsklinikum Regensburg

Hochschulstudium

11/1999 – 09/2000	Universität Regensburg Studium der Physik (Diplom)
10/2000 – 09/2003	Universität Augsburg Studium der Materialwissenschaften (Bachelor of Science)
10/2003 – 09/2006	Universität Augsburg Studium der Materialwissenschaften (Master of Science)
09/2006	Abschluss als Master of Science Materialwissenschaften Thema der Abschlussarbeit: „Aufbau und Inbetriebnahme einer Spraypyrolyseanlage“
Seit 02/2007	Universität Bayreuth Doktorand am Lehrstuhl Keramische Werkstoffe im Rahmen des DFG Graduiertenkollegs 1229 „Stabile und metastabile Mehrphasensysteme bei hohen Anwendungstemperaturen“